U0176598

Sasha Petraske
Regarding Cocktails
with Georgette Moger-Petraske

复古鸡尾酒

萨沙的调酒哲学

[美] 萨沙·佩特拉斯克　[美] 乔吉特·莫杰-佩特拉斯克 — 著
Sasha Petraske　Georgette Moger-Petraske
郭超 — 译

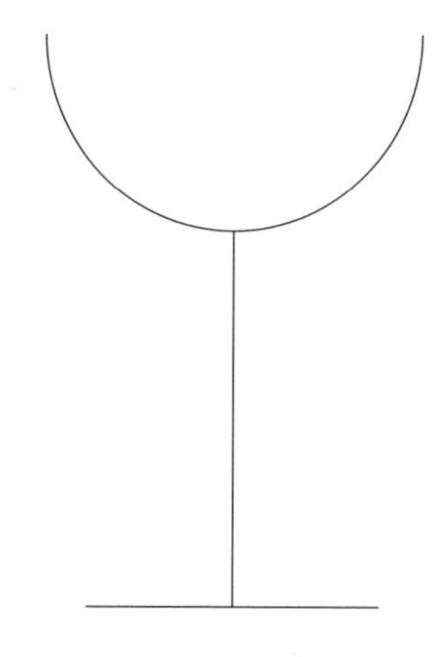

中信出版集团 | 北京

图书在版编目（CIP）数据

复古鸡尾酒：萨沙的调酒哲学 / (美) 萨沙·佩特拉斯克, (美) 乔吉特·莫杰-佩特拉斯克著；郭超译. -- 北京：中信出版社, 2020.6 （2022.3 重印）
书名原文: Regarding Cocktails
ISBN 978-7-5217-1435-7

Ⅰ. ①复… Ⅱ. ①萨… ②乔… ③郭… Ⅲ.①鸡尾酒-配制 Ⅳ. ①TS972.19

中国版本图书馆CIP数据核字(2020)第022400号

复古鸡尾酒：萨沙的调酒哲学

著　　者：［美］萨沙·佩特拉斯克　［美］乔吉特·莫杰-佩特拉斯克
译　　者：郭　超
出版发行：中信出版集团股份有限公司
（北京市朝阳区惠新东街甲4号富盛大厦2座　邮编　100029）
承 印 者：北京盛通印刷股份有限公司

开　　本：787mm × 1092mm　1/32　　印　　张：8.5　　字　　数：150千字
版　　次：2020年6月第1版　　印　　次：2022年3月第3次印刷
京权图字：01-2019-5511
书　　号：ISBN 978-7-5217-1435-7
定　　价：78.00元

服务热线：400-600-8099
投稿邮箱：author@citicpub.com

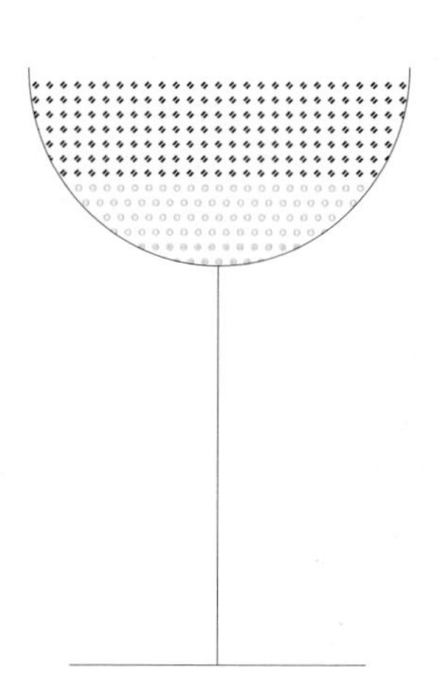

图 例

酒类

43 金典（Licor 43）
阿佩罗（Aperol）
阿韦兹利口酒（Avèze）
艾雷岛威士忌（Islay whiskey）
白朗姆（White rum）
白色特其拉（Tequila blanco）
波本威士忌（Bourbon）
波特酒（Port）
查特黄香甜酒（Yellow Chartreuse）
查特绿香甜酒（Green Chartreuse）
橙味利口酒（Orange liqueur）
多米尼加朗姆酒（Dominican rum）
多香果利口酒（Pimento dram）
伏特加（Vodka）
干味美思（Dry vermouth）
干邑白兰地（Cognac）
高地威士忌（Highland whiskey）
高度德麦拉拉朗姆酒（Demerara rum）
过桶特其拉（Tequila reposado）
好奇美国佬（Cocchi Americano）
黑麦威士忌（Rye whiskey）
黑糖蜜朗姆酒（Blackstrap rum）
红葡萄酒（Red wine）
接骨木花利口酒（Elderflower liqueur）
金巴利（Campari）
金酒（Gin）
橙皮甜酒（Triple sec）
咖啡利口酒（Coffee liqueur）
卡帕诺安提卡（Carpano Antica）
卡帕诺潘脱蜜味美思（Punt e Mes）
卡莎萨（Cachaça）
苦艾酒（Absinthe）
库拉索橙味利口酒（Curaçao）
朗姆酒（Rum）
梅斯卡尔（Mezcal）
美国苹果白兰地（Applejack）
蒙特内罗苦味酒（Amaro Montenegro）
诺妮苦味酒（Amaro Nonino）
皮斯科酒（Pisco）
苹果白兰地（Apple brandy）
苹果利口酒（Apple liqueur）
深色朗姆酒（Dark rum）
圣伊丽莎白多香果利口酒（St. Elizabeth Allspice Dram）
苏格兰调和威士忌（Blended scotch）
甜味美思（Sweet vermouth）
西奥・西亚罗苦味酒（Amaro Cio Ciaro）
西那（Cynar）
香槟 / 普罗塞克 / 卡瓦（Champagne/Prosecco/Cava）
杏仁利口酒（Amaretto）
牙买加朗姆酒（Jamaican rum）
雅凡纳苦味酒（Averna）
野樱桃利口酒（Maraschino liqueur）

蛋和奶

打发的奶油（Whipped cream）
蛋黄（Egg yolk）
蛋清（Egg white）
重奶油（Heavy cream）

果汁、气泡水、糖、苦精

- A.P.P. 苦精（A.P.P. bitters）
- 安高天娜苦精（Angostura bitters）
- 白桃果泥（White peach purée）
- 贝乔苦精（Peychaud's bitters）
- 扁桃仁糖浆（Orgeat syrup）
- 菠萝汁（Pineapple juice）
- 橙花水（Orange blossom water）
- 橙汁（Orange juice）
- 德麦拉拉方糖（Demerara sugar cube）
- 方糖（White sugar cube）
- 蜂蜜（Honey）
- 蜂蜜糖浆（Honey syrup）
- 枫糖（Maple syrup）
- 石榴糖浆（Grenadine syrup）
- 黄方糖（Brown sugar cube）
- 简单糖浆（Simple syrup）
- 姜汁啤酒（Ginger beer）
- 玫瑰水（Rosewater）
- 柠檬汁（Lemon juice）
- 浓缩咖啡（Espresso）
- 苹果酒（Apple cider）
- 巧克力苦精（Chocolate bitters）
- 青柠汁（Lime juice）
- 热水（Warm water）
- 生姜糖浆（Ginger syrup）
- 树莓果酱（Raspberry preserves）
- 苏打水（Club soda）
- 汤力水（Tonic water）
- 西柚汁（Grapefruit juice）
- 盐水（Mineral saline）
- 紫罗兰糖浆（Violette syrup）
- 自制橙味苦精（House orange bitters）

装饰物和捣在酒里的水果、蔬菜、香料

- 菠萝角（Pineapple wedge）
- 薄荷（Mint）
- 草莓（Strawberry）
- 橙皮卷（Orange twist）
- 橙片（Orange wheel）
- 葱（Spring Onion）
- 丁香（Cloves）
- 橄榄（Olive）
- 罐头酒渍樱桃（Maraschino cherry）
- 黑莓（Blackberry）
- 红辣椒粉（Cayenne Pepper）
- 胡椒（Pepper）
- 黄瓜片（Cucumber slice）
- 鸡尾酒洋葱（Cocktail onion）
- 鸡尾酒樱桃（Cocktail cherry）
- 辣酱（Hot sauce）
- 莓果（Berries）
- 墨西哥辣椒圈（Jalapeño slice）
- 柠檬皮卷（Lemon twist）
- 柠檬片（Lemon wheel）
- 芹菜（Celery）
- 青柠角（Lime wedge）
- 青柠片（Lime wheel）
- 肉豆蔻粉（Grated nutmeg）
- 肉桂棒（Cinnamon sticks）
- 肉桂粉（Grated cinnamon）
- 糖姜（Candied ginger）
- 伍斯特郡酱（Worcestershire sause）
- 西柚角（Grapefruit wedge）
- 西柚皮卷（Grapefruit twist）
- 盐（Salt）

序一

我的老朋友乔住在曼哈顿下东区爱烈治街（Eldridge Street）的大户型住宅里。有一晚他出门遛狗，正好一伙前卫的年轻人从他家门口正对面的麻将馆里涌了出来。麻将馆的常客以中国老年人为主。老头们常常安安静静地、狠狠地抽着烟，把家用输个精光。乔走过去问这些年轻人在麻将馆里做什么。“哦，不是，这里面是个非常酷的新酒吧。”他就进去看了一下：房间又长又窄，吧台占了房间的三分之一，一个穿着白衬衫系着背带的年轻人站在这个很小的吧台后面。酒吧里没有其他人。

萨沙·佩特拉斯克向对门的邻居介绍了自己。乔给自己晚上遛狗的旅程添了一站，至少在前几个月店里还很安静的时候是这样——那之后就常常满座了。

第一个晚上，乔恰好提到了他最爱的酒吧，彩虹室餐厅（Rainbow Room）[1] 的长廊酒吧（Promenade Bar）。乔还说他

1　纽约地标之一，位于洛克菲勒中心 65 楼。——译者注（如无特殊说明，均为译者注。）

会带好朋友戴尔·狄格罗夫——也就是我——来看一下社区的新成员，萨沙对此非常兴奋。乔给我打了电话，几天后我们一起走进了这家店。

让我吃惊的是，这家酒吧和其他酒吧风格完全不一样。能看出来萨沙很有想法，即使店铺装修还没完工。这里没有每家酒吧都有的那种用来放鸡尾酒装饰的塑料托盘，相反，萨沙做了个很美观的不锈钢盒子，大概 60 厘米长、30 厘米宽，在盒子大约一半高度的地方嵌有一块打孔的不锈钢，上面整齐地铺着碎冰，冰上面是不同种类的水果。第二次去我带给萨沙两本书，垂德维客餐厅酒吧（Trader Vic）[1] 出版的一本鸡尾酒书和《沃尔多斯经典酒吧全书》（*The Old Waldorf-Astoria Bar Book*）[2]；他确实也用上了。

萨沙问了我一个又一个问题："你用什么样的冰？""Kold-Draft 牌制冰机和同品牌的碎冰机产出的冰。"两台机器我都用的当时该品牌最大的型号。萨沙显然没法承担制冰机的开销，他告诉我他是如何用极为有限的预算开了这家酒吧。有时候他会在附近社区雇佣一些便宜的帮手，他和后来的合作伙伴里奇·博卡多（Richie Boccato）就是这样认识的。

萨沙擅长解决问题，他买了一台二手大冷冻柜——几乎没

1　维克多·伯杰隆（Victor Bergeron）1937 年创办的酒吧。伯杰隆是位提基鸡尾酒爱好者，著有多本关于提基鸡尾酒的书。

2　原版出版于 1935 年的重要鸡尾酒著作，作者是艾伯特·S. 克罗克特（Albert S. Crockett）。

花钱，然后开始自己冻冰块。这样他能够将冰块切削成任何尺寸。然后他买了一个小冰柜放在吧台后面，既储存冰块，也把波士顿摇壶保存在冰柜里。

我告诉萨沙，我做酸类鸡尾酒时会向玻璃搅拌杯里加入酸的材料，接着加甜的材料，接着加入苦精和其他材料，接着加入基酒，最后我才加冰块，按这个次序我能保证做酒的一致性；另外，我倒酒不用量酒器。他思考过后，做了决定：第一，他会采用这种添加材料的顺序；第二，他会使用量酒器；第三，使用一段时间冰冻的玻璃搅拌杯之后，改用全金属的波士顿摇壶，保证在调配时酒的温度尽可能低。这个想法改变了整个酒吧工具行业，现在所有年轻的调酒师都使用两段都是金属的摇壶。萨沙从不是追随者。

“隐藏式酒吧的想法完全是个意外，”有一次萨沙对我说，“我从没想过要锁上店门，但是经过努力和请求，有人宣传了我们的店，客人数量很快翻倍再翻倍，我只好把门锁上了。”少数人——比如我——有钥匙，其他人则需要按门铃。很快萨沙就意识到只能改成预约制，因为他需要照顾楼上和附近的住户。

萨沙给他的酒吧起名 Milk & Honey，人们向往的“富饶之地”[1]。他把我们从野蛮吵闹的酒吧带入了新时代，调酒师们

1　Milk & Honey 可引申为《圣经》中流淌着牛奶与蜜的乐土。

开始轻声询问你中意的基酒和风味，尽力为你调配一杯完美的饮品。萨沙把我们带到了这里，但是他没办法和我们一起走下去了。[1]

关于他短暂却辉煌的调酒生涯，自会有更好的作者来记述。我认识的这个人，他深爱着他的职业，总能带来与众不同的想法。他让员工感到自己像是合伙人；事实上，有一些员工确实变成了合伙人。他求知欲强，富有革新精神，体面正直，凭借自己的这些特质，他影响了千万年轻人选择这个职业，深刻地改变了调酒师行业。

戴尔·狄格罗夫（Dale Degroff）

1　萨沙·佩特拉斯克逝于 2015 年 8 月 21 日，享年 42 岁。

序二

直到差不多十年前，我都不太愿意出去喝酒。酒吧里调酒的手法像变戏法一样花哨，得到的饮料却很糟糕。因而在喝酒的圈子里，去酒吧实在是个愚蠢的决定，这也侧面说明那时候在酒吧喝酒都只是牛饮。

那时的调酒师们也没什么特别，只不过负责把酒送到你面前而已，来来回回只会那十来种常被点的饮料。很多酒吧看起来就只是帮人们释放精力的。我当然明白那种躁动，但当我走进一家酒吧，我想要的是片刻的安宁，想要在文明社会的角落享受一小段时光。

鸡尾酒这种大人的饮料应该是什么样子的？萨沙·佩特拉斯克是第一个和我见解一致的酒吧老板。如果要用一个词形容他的调酒哲学，我可以列举一系列形容词：精确、优雅、缜密、简洁、执着。或许“爱”可以总结这一切。这种爱也延续到了他的员工和顾客。用他自己的话说，Milk & Honey 是“质量沙漠中的绿洲”。制作优良的鸡尾酒被勤勉尽责的调酒师提供给心存感激和欣赏的客人，双方都是最好的样子。这就是萨沙想要的。这要求太高了，他最后能实现简直是个奇迹。

萨沙的高标准都体现在这本吸引人的、个人化的、原则性极强的书里。除了如何调一杯好的鸡尾酒之外，书里还有很多可以学习的东西。

Milk & Honey 确立了自己的影响力的几年后，一批年轻的调酒师开始反叛它的精神，开始开办音乐更响，环境更喧闹、更休闲的鸡尾酒酒吧。他们努力想要回归一个想法：酒吧是用来提供一段“好时光”的。

但是所谓的好时光有很多种。萨沙给我们的是最好的那种。

罗伯特·西蒙森（Robert Simonson）

本书简介

“就我所知，还从没有过一本关于家庭鸡尾酒派对调酒的实操书，也没有大篇幅关于冰块在摇荡和搅拌中的细节的书。”我丈夫起初想写一本指南性的书，分享鸡尾酒制作的专业知识。这本书本应是讲述在家调制 Milk & Honey 级别鸡尾酒的极简指南。除了萨沙的嬉戏之作“给猫的鸡尾酒”（见 243 页）之外，它本可能成为一本像哈里·克莱多克（Harry Craddock）所著《萨伏伊鸡尾酒会》（*The Savoy Cocktail Book*）一样严肃的著作。

他的去世让我们悲痛万分。此时他的书还远远谈不上完成，但萨沙留下的遗产太重要了，不管是对于专家还是对于新手，他的鸡尾酒作品、他的指导、他的教诲都是宝贵的财富。书中包含了萨沙和其他 Milk & Honey 成员创作的配方，关于调酒技巧、动作、方式和这些鸡尾酒诞生的故事，以及我们在一起时关于鸡尾酒的一些片段。

这本指南没有使用打了背光的鸡尾酒的照片，也没有使用柔和聚焦、截取调酒师的手从高处向香槟杯中倒酒画面的照片。为了让初学者也能很容易读懂鸡尾酒制作，取代照片的是简洁清爽、侧重这杯饮料成分的插图；另外配有可以用作图例的书签。有萨沙对制作过程的严格要求和科学家一样的才华做榜样，只有这样精细的制作才是对的。

这本书选择了我丈夫无法预见的形式，他更愿意做作者而不是被记录。书中显然会包含太多萨沙的个性，他不会希望是这样。但是，一本在作者死后出版的书，在教授知识的同时，怎么会不反映作者的个性？保留萨沙的声音正是我对这本书抱有的初衷。

> 猎鹰已听不见驯鹰人的声音；
>
> 一切分崩离析；再无重点可守；
>
> ……想必神的启示已经到来；……
>
> ——威廉·巴特勒·叶芝，《基督再临》

他在生前的最后一个项目 Falconer（后来改名为 Seaborne）上，试图回归最初 Milk & Honey 的朴素样子。他位于曼哈顿下东区爱烈治街的第一家酒吧影响了很多后来者，被他们模仿，帮助这个国家的鸡尾酒水平提升了一大截，但他从不居功。那时，好一些的酒不过使用了两种材料，差一些的就会是颜色黯淡的不够冰的混合物了。当大多数人还在使用浓缩液或预调柠檬汁时，他开始在自己的酒吧使用鲜榨的果汁。他并不知道整个鸡尾酒文化都会被重塑，这不是 Milk & Honey 的初衷。选择调酒师推荐的顾客会指出他们想要的基酒。从基酒开始，他们会被询问："是搅拌制作的，还是兑好直接喝的？这杯酒需要有冰块来保证冰凉吗？"当鸡尾酒送到你面前，只会告诉你名字，不会介绍它的每一种材料。"等很久才喝的话，"萨沙会说，"酒已经快死了。"

萨沙认为，几乎所有鸡尾酒都是五种鸡尾酒的改编。这五种是古典（Old Fashioned）、马天尼或曼哈顿（Martini 或 Manhattan）、酸酒（Sour）、海波（Highball）和菲克斯（Fix）。本书正是按照这五个分类来组织内容，又补充了一章关于潘趣酒、蛋奶酒、甜点酒和为不喝酒人士准备的无酒精鸡尾酒的内容。

乔吉特·莫杰－佩特拉斯克

第一篇　准备工作

第二篇　酒谱

第三篇　指南

第一篇 准备工作

I

Setting Up

The Home Cocktail Bar

家庭鸡尾酒酒吧

家庭鸡尾酒酒吧可以有不同规模，从独立的推车或专门的家具，到厨房储藏柜或书架上专用的一两层都可以，规模最小的家庭鸡尾酒酒吧是一个便携酒吧工具包。

杯具

以下杯具每款需要至少 8 个：鸡尾酒杯（120~180 毫升）、古典杯（300~360 毫升）、柯林斯杯或海波杯（330~390 毫升）。准备 8 只葡萄酒杯（360 毫升的波尔多杯可以满足多种用途）也是不错的选择。你也可以小小奢侈一下，买几个重的、漂亮的、令人愉悦的威士忌纯饮杯。白兰地杯选杯身较小的品鉴杯，不要选敞口大肚的。波特酒杯值得特意花时间去找，它可以用来喝波特酒、雪莉酒和意大利苦味酒。二手商店和旧货市场常常可以找到的老式鸡尾酒杯（通常容量为 60~90 毫升）很适合用来品尝鸡尾酒，但较小的杯量会让调酒师比较辛苦（因为需要多做几杯）。

一次性餐具

我们先将在家招待三五好友喝酒和火力全开的派对区分清楚。对于派对来说，除非规模实在太大没有别的办法，否则不要轻易尝试一次性餐具——除非你需要招待的是宠物猫。

家庭酒吧设备清单

必需品

手动榨汁机

3 个 480 毫升搅拌杯

3 个大鸡尾酒摇壶

3 个小鸡尾酒摇壶

2 张霍桑滤网

朱丽普滤网

捣棒

砧板

切橙类水果的锯齿刀

清洁用纸巾

玻璃清洁剂喷壶

洗手液（推荐布朗博士牌无味洗手液，加水稀释至 1 ： 4）

装饮用水的玻璃壶

餐匙

量酒器，以下尺寸至少各一只：15 毫升、22 毫升、45 毫升

水果削皮刀

绿色百洁布

6 个用于装糖浆和果汁的空水瓶

盐罐

胡椒棒

发泡器，用于给猫的鸡尾酒

发泡器用 N20 气弹

可选项

肉豆蔻刨屑刀

肉桂刨屑刀

蛋黄分离器

家庭酒吧材料清单

必需品

糖姜

盐渍橄榄，冷藏（推荐切里尼奥拉橄榄或卡斯特尔维特拉诺橄榄）

路萨朵牌罐头酒渍樱桃

橙和柠檬（皮用作装饰）

无籽黄瓜

时令莓果

薄荷，浸入冰水保存

可选项

红辣椒粉

辣椒，切片

玫瑰水

橙花水

喷雾瓶装苦艾酒

肉桂棒

肉豆蔻

菠萝

青苹果

芹菜

鱼片，用于给猫的鸡尾酒

糖浆和其他材料清单

简单糖浆

紫罗兰糖浆

生姜糖浆

蜂蜜糖浆

扁桃仁糖浆

盐水

A.P.P. 苦精

自制橙味苦精

石榴糖浆

椰子奶油糖浆

重奶油

中等尺寸的放养鸡蛋，注意清洗外壳

苏打水，冷藏（至少储备一箱冷藏，另取 4 瓶浸在冰水里）

简单糖浆

每份 240 毫升
100 克砂糖
120 毫升纯净水

将糖和水倒入容器中，搅拌至糖完全溶化。不要按有些配方指导的用加热的方式制作，因为这会导致液体蒸发，最终造成鸡尾酒制作时的误差。盖好放入冰箱保存不超过 4 天。

紫罗兰糖浆

每份 120 毫升
60 毫升金酒
30 毫升紫罗兰糖浆
30 毫升简单糖浆（见上文）

在不会起反应的容器中混合金酒、紫罗兰糖浆和简单糖浆，搅拌至完全混合均匀。盖好放入冰箱保存不超过一个月。

生姜糖浆

每份 240 毫升
120 毫升鲜榨生姜汁
100 克细砂糖

在不会起反应的容器中混合姜汁和砂糖，搅拌至糖完全溶化。盖好放入冰箱冷藏，最多保存 5 天。

蜂蜜糖浆

每份 320 毫升
240 毫升蜂蜜
80 毫升热水

将蜂蜜和水倒入容器，搅拌至完全融合。盖好放入冰箱冷藏，最多保存 5 天。

扁桃仁糖浆

每份 300 毫升

220 克烤扁桃仁片

300 克砂糖

200 毫升水

30 毫升伏特加

1 茶匙橙花水

用搅拌机将扁桃仁打成粗粉。取一口中等大小的平底锅，倒入糖和水，用中低火煮到水烧开。持续加热并搅拌 3 分钟，直到糖完全溶化。加入扁桃仁粉，继续搅拌 3 分钟。将平底锅从火上移开，盖好，静置 6 小时。

将糖浆倒入过滤袋。将糖浆挤入厨用量杯，加入伏特加和橙花水，搅拌至混合均匀。盖好放入冰箱冷藏，最多保存一个月。

盐水

每份 1.2 升

68 克盐

1 升温矿泉水

将盐和矿泉水在不会起反应的容器中混合，搅拌直到盐完全溶化。盖好放入冰箱冷藏，最多保存一个月。

A. P. P. 苦精

安高天娜苦精（Angostura bitters）

贝乔苦精（Peychaud’s bitters）

戴尔·狄格罗夫多香果苦精（Dale Degroff’s Pimento bitters）

将等份的 3 种苦精在不会起反应的容器中混合。常温无限期保存。

自制橙味苦精

菲氏兄弟西印度橙味苦精（Fee Brothers West Indian Orange bitters）
雷根香橙苦精（Regan No.6 bitters）

将等份的两种苦精放入不会起反应的容器中混合。常温无限期保存。

白桃果泥

每份可供约 6 杯鸡尾酒
1 颗白桃，保留果皮，去核切片
30 毫升新鲜中国柠檬（Meyer Lemon）汁
30 毫升简单糖浆（见 7 页）

将桃子、柠檬汁和糖浆放入搅拌机，打成细腻的糊状。用细筛网过滤到不会起反应的罐子中。立即使用或冷藏保存不超过两天。

The Home Cocktail Party

家庭鸡尾酒派对

关于安全的一些话

在自己的派对上喝上一两杯当然没问题，但有一点至关重要：宾客的安全也是你作为主人的责任。如果你要喝酒无法开车，就需要保证有其他人保持清醒。这个人可以从服务机构雇用，也可以在朋友中找不喝酒的志愿者。这个人必须从始至终都不喝酒。虽然说最好没有意外，但你还是要保证有人能在意外发生时叫救护车，开车送人去医院，清醒地决断是不是帮喝醉而无法开车的宾客叫车，等等。在喝醉的情况下人们无法准确判断别人是否清醒。

第一步：确定场地尺寸，据此决定宾客数量并规划调酒服务区

派对场地的最大容量不是取决于你家里能挤进多少人，而是取决于酒水能及时服务多少人，以及洗手间能满足多少人使用。每 0.7~0.9 平方米可以容纳一个人，一个洗手间最大能满足 40 位宾客的需求。

邀请函需要说清是否允许宾客不告知你就带朋友参加。如果是比较非正式的派对，客人们有可能会通知很多人，此时最好安排一位看门人在客满之后守门维持秩序，每离开两位才放进来两位。

一旦确定了同一时间场地能容纳的人数，就可以确定需要几个调酒吧台和提供啤酒、葡萄酒、潘趣酒的自助服务台。如果备有预调鸡尾酒和预调潘趣酒，吧台设置合理，菜单清晰易读，一个调酒师最多可以服务 40 位客人。如果你单独设置一个啤酒和葡萄酒自助吧台，一个调酒师能服务的客人可以提高到 50 位。如果再设置一个潘趣酒自助吧台，一个调酒师将能服务 60 位客人。

如果你的派对超过 60 位宾客，很可能有一些服务会发生在室外。这样的话可以在室外设置一个自助吧台，并设立"鸡尾酒服务请至室内吧台"的标志。

第二步：确定用玻璃杯具还是塑料杯具

一旦人数确定，下一步就要确定是否有洗杯能力和储存酒杯的空间，以及是否使用玻璃杯具。考虑到派对的正式程度、空间的大小和预算的充裕程度，塑料酒杯也是种选择。选用塑料制品的话，可以为不带冰块的鸡尾酒选配 267 毫升或更小尺寸的酒杯、塑料香槟杯和塑料碟形香槟杯。大学聚会用的那种 355 毫升或 474 毫升的塑料杯不可避免会导致客人喝多并带来一系列隐患。

如果选择使用玻璃杯具，就要决定是否自己清洗；清洗的话要保证每个酒杯都只使用一次。你也可以租用足够多杯具，保证每位客人都有几个杯子可用。如果只是几个朋友在小公寓的聚会，喝第二杯同样的饮品时客人可能重复使用自己手里的杯子，但很明显，这只是种非常不正式的场景，它甚至无法称作鸡尾酒派对。想要妥善把派对安排好，要么雇用专人或请朋友负责清理和洗刷杯具，要么选择租用足够多的杯具。租用的支出通常会比洗碗工要贵，这可能会是相当大的一笔支出。

租用的酒杯务必安排提前数日送达。酒杯通常是装在 50 厘米 ×50 厘米的杯筐里，杯筐能够整齐地叠起来。收回来的空的脏杯子，杯口向上摆回同样的筐里。每一款酒杯（脏的和干净的一共）需要至少 0.8 平方米的空地。也就是说如果你有鸡尾酒杯、海波杯和葡萄酒杯 3 种酒杯，就需要在吧台空出大概 1 平方米的空间来准备干净的杯具，再在其他地方留下同样大小的空间来摆放脏酒杯。

第三步：做一张酒单

鸡尾酒酒吧可以提供很多种鸡尾酒供人选择，但家庭鸡尾酒派对只能提供有限的选项。除非你家里有配置完善的专业吧台，并且有至少两台商用冰箱，否则在家不可能拥有“无酒单服务”所需的所有材料和设备。和客人交谈，帮助他们选酒也会极大延长做每杯酒所需要的时间。没有人会喜欢等不到饮料的派对。当然如果你已经建有这么个吧台，那么请把这种“愚蠢”继续下去，请专业的调酒师们来为你的派对提供服务吧。

酒单需要包括 4~6 款鸡尾酒、啤酒和葡萄酒，还有用来混合烈酒的基础饮料（金汤力的汤力水、威士忌苏打的苏打水，等等）。即使现调的鸡尾酒是派对的中心，提供这些选择也很必要。相信我，当一个腿脚不再灵便、头发灰白的“最伟大一代”[1]来要一杯苏格兰威士忌加水，而你并没有想到要准备这些的时候，给他一杯现捣的新鲜草莓菲克斯也没法解决问题。而且不准备基本的红白葡萄酒和拉格啤酒也太装腔作势了。

第四步：确定杯具的数量和种类

酒单上的鸡尾酒决定酒杯的种类。最基本的是要有喝水的水杯，用于混合烈酒和软饮、长饮、啤酒的海波杯，可以用于香槟和鸡尾酒的香槟杯或碟形香槟杯。

用这 3 种酒杯可以满足一张丰富的酒单。必要的话，葡萄酒可以用海波杯来应付。在海波杯的 180 毫升处贴上胶带帮助侍者标示出杯量，杯量过大的话不可避免地会有客人喝醉。

威士忌纯饮和古典类鸡尾酒用到的古典杯也是个好选择。酒单中可以放一款在杯中直接搅拌制作的古典类鸡尾酒。葡萄酒达到一定品质的话需要葡萄酒杯。租赁公司提供的短腿 237~296 毫升耐用酒杯是最经济的选择，因为它可以同时用作海波杯、水杯、

1 Greatest Generation，指大萧条时期出生，参加过二战，战后投身经济建设的一代美国人。

葡萄酒杯和啤酒杯。这种多功能杯也适用于婚礼或音乐会之类的大型活动，在这种活动上其他杯具都不够实用。

酒单应该包含至少一款无酒精鸡尾酒和一款含苏打水的低酒精鸡尾酒，比如美国佬（Americano）。开车的客人需要通过这种选择来控制自己的酒精摄取。在正规的鸡尾酒派对上提供一款古典类的鸡尾酒、一款马天尼或曼哈顿的变种，兼顾摇荡、直接饮用等不同做法，比如一款大吉利和一款自助的潘趣酒，就可以节省很多工作。

如果选择租用酒杯，鸡尾酒派对按照每个客人 4 杯酒来计算，宴会类活动的“餐前鸡尾酒时间”按每个客人两杯酒计算。每种杯型的数量按照所选的杯型平均分配。此外，根据你选择的葡萄酒和客人的饮酒习惯做到每人一只葡萄酒杯以外，还要适当多准备人数四分之一以内数量的葡萄酒杯。海波杯也需要较多，因为要计入水、啤酒、苏打水等的需求。多租一些酒杯很有必要，这绝不是浪费。

如果不选择租赁而是清洗杯具，每位客人需要两个酒杯，各个杯型数量参照前面的方式计算。此外，在调酒师的洗碗槽之外还需要一个额外的洗碗池以及晾擦酒杯的区域。洗碗槽的设立不用很精确，建一个有 3 个水槽的洗碗池，用木板隔开，再把洗碗槽 3 面围起来就好。

出于人力方面的原因，可以考虑提供预调好直接摇制的鸡尾酒，比如大吉利，或者提供预调好直接舀在杯里的潘趣酒。这两种饮料的作用都一样，就是快速有效地分发大量饮品。鸡尾酒历史学家们会说，潘趣酒原本是种英国饮料，而摇制的饮料毫无疑问是美国饮料。所以最好的办法或许是综合两种方式，设置调酒师摇制和自助潘趣酒两个吧台。

3个因素决定了自助吧台是否合宜：客人过量饮酒的可能性、派对的正式程度和服务的殷切程度。派对规模有多大？自助吧台是否在主人或服务人员的视野范围内？这些都是首先要考虑的问题。你绝对不想有客人自己不小心喝多了发生意外，或是有邻居的未成年小孩偷偷入场，自己喝醉，这样的话事情就麻烦了。

关于派对所能达到的正式程度，这里有一条经验法则：按派对最火爆时的场景计算服务的承载能力。如果客人自助取用啤酒，他可能会用啤酒瓶直接喝，酒杯备好让客人按需取用即可。如果调酒师为客人开啤酒，就需要帮客人倒在酒杯里，除非客人自己要求用瓶子喝。如果用酒瓶喝啤酒对你的派对来说不够正式，那么自助吧台也会显得不够正式。

第五步：设置吧台

首先，水从哪儿来？调酒师需要一个洗碗池来冲洗摇壶和洗手。如果有可能额外设置水槽，要优先考虑根据水槽的需求来布置吧台。没有的话厨房的通道口可以满足这部分功能，早餐台也是洗手池非常合适的代替品。如果没有出菜通道，可以在厨房入口放一张折叠桌，把调酒师围在里面就是简易吧台了。

如果没有厨房，可以用折叠桌铺上桌布来替代吧台。自重排水的水槽配上排水泵可以代替洗碗池，易酷乐车载保温箱或家用小冰箱放在木板箱上可以用来放冰块。桌布可以盖住吧台下的脏杯筐和垃圾桶，因而必不可少。

具体要求如下：

（1）工作区。用于做酒的大约 20 厘米 ×60 厘米的一块桌面区域。可以铺上折好的桌布和毛巾，也可以去餐饮用品商店或网上买一两张橡胶滤水垫。如果你有完备的家用吧台，可以直接使用不锈钢咖啡滤网。

（2）冰的储藏。干净的大塑料箱盖上布垫子可以让冰块储存一整晚，因为冰块自己会保持温度。派对时可以用两个小的易酷乐车载保温箱或两格的特百惠储物箱来放置冰块，其中一个或一格放置做酒和饮料用到的冰块，另一个或一格加一点盐用来冷藏预先混合的马天尼（往冰水混合物中加盐可以降低温度，减慢融化速度）。还需要准备第三个保温箱来放瓶装水、汤力水、苏打水和预先混合好的鸡尾酒，这样可以直接摇制。更奢侈的做法是在易酷乐车载保温箱底部放半块干冰，不过当然要小心干冰灼伤的危险。在保温箱底部放好干冰，将五金商店买来的散热网剪成箱子底部的形状装在干冰和箱子中间，再在保温箱里放需要冷藏的饮品。时不时向保温箱里加点水以保持干冰活跃。

（3）垃圾和可回收饮料罐。将它们扔在有下水的水槽里，这样在丢掉塑料杯和啤酒瓶之前可以清空里面的液体。没有人会想被垃圾袋里的液体溅一身。

（4）冰杯。对于 15 人以下的小型派对，如果吧台在厨房的话可以把酒杯放冰箱里冷藏。不在厨房的话，也可以使用前面提到的干冰冷藏法，或者可以使用所谓“19 世纪冰杯法”：将鸡尾酒杯在网格上摆好，第 1 排装冰水，第 2、3 排装满冰块，第 4~6 排（或者更多，取决于你操作台的空间和派对的规模）是空杯。每拿一个新酒杯，将里面的冰水倒在其后的空杯里，快速甩掉杯中残余水分即可使用。

（5）烈酒。将用于调酒的烈酒酒标朝前摆在各个吧台展示。预先混合的材料用到的酒也需要把空瓶子展示出来，以说明其中所含的酒。

（6）酒单。打印出来或者写在黑板上的大尺寸酒单可以提高服务的速度。当你向今晚的第 30 位客人解释所有鸡尾酒、啤酒的选项，后面还有一长排已经失去耐心、不耐烦抖着脚的客人的时候，你就明白我在说什么了。如果不便提供大尺寸的酒单，准备足够多 22 厘米 ×28 厘米的酒单，尽可能用最大字号打印，以便在黑暗环境下也可以看清楚。

（7）纸巾和擦杯布。多多益善。

（8）扫帚和簸箕。在扫帚和簸箕之外，还要准备一个纸盒子，把碎酒杯的玻璃碴放入纸盒再扔进垃圾桶。这对最后负责清理垃圾的人员和清洁工的安全很必要。

（9）冰铲、捣棒、瓶起子、葡萄酒开瓶器。每个调酒师都该有一套。

（10）简单糖浆和新鲜柠檬汁各一小瓶。便于为一些宾客调整酒的酸甜度。

（11）碗。用来放装饰，数量视情况而定。

（12）菜板、刀和水果碗，以及两个水果削皮器（两个，不是一个）。

（13）鸡尾酒摇壶。每个吧台每款摇制鸡尾酒配一个霍桑滤网，每一个滤网都固定用于一款酒。这样就不用每用一次就需要清洗，偶尔冲一下即可。

（14）水瓶。玻璃或塑料质地的都行，选择有盖子的款式，用于装预调好可以直接摇制的鸡尾酒；把它们倒回装酒的空瓶子里也可以。备用的材料可以放在冰箱或冷藏柜里，或者用冰冷藏。

（15）冷泡茶壶或有嘴的企鹅形大摇壶。用于装预调搅拌法制作、直接饮用的鸡尾酒。备用的预调酒液装在瓶子里放入冰箱，或者放在有加了盐的冰水混合物的保温箱中。

（16）毫升量酒器一个。用于量取加冰直饮或加软饮的酒液。

第六步：营造氛围，选择音乐

简单地把灯光调暗，鸡尾酒派对的气氛就有了。如果你的灯不能调暗，可以将正常灯泡换成 7 瓦的夜灯灯泡，用半透明纱布或纸把灯遮起来效果也不错。洗手间也可以改成暗的灯光，因为每次开门时跑出来的亮光很破坏气氛。是否使用蜡烛取决于你对派对的预期，楼梯和窗帘旁边的蜡烛有可能导致灾难。

如果派对规模较大，不只是亲密朋友间的小聚，将贵重物品、家具和杂物挪进洗手间锁起来是个好办法。

如果客人不全是乘车来，不管天气是不是寒冷，多余的衣帽架都很有必要。在家具店能轻松买到。

如果是夏天，确保提前几小时打开场地的空调。餐厅和酒吧推荐的空调功率是每位客人 146.5 瓦，对家里来说不太可能达到。家用空调很可能无法满足摩肩接踵的人群，所以你需要在排队开始前“保持一些优势”。在冬天，如果太热的话可以开几扇窗户。

音乐播放的关键是你或者门童保有音量的控制权。按照人群的规模调整音量，但要保证不要吵到邻居。时不时调低音量很有必要，也可以提醒一下客人。我建议按照歌曲速度的快中慢准备 3 个播放列表，确保里面没有平庸的歌。当派对要结束了，节奏放松下来之后切成慢歌，但是注意不要过早去做，一秒都不要。

第七步：购买冰块

8 包超市出售的每包 2.5 千克冰块或一包供应商配送的 20 千克冰块都可以。配送的冰块需要在准备工作开始前两小时到达，为每位客人准备 2.3 千克冰块。超市提供的骰子大小的冰块并不理想，但这常常是唯一的选择。如果派对很小，或者你确实富有，可以购买 Clinebell 冰砖机出产的 140 千克冰砖，这种冰砖可以预先切成小块的冰块。这种方案需要巨大、昂贵的冷冻空间，不过这只是少数人需要考虑的事。即使你购买了这种冰块，你依然需要普通冰块来冷藏啤酒、鸡尾酒材料和冰水。

第八步：看在老天的分儿上，不要忘记开瓶器

这事发生的频率远超你的想象。

Consider the Peacock
(a note on garnishes)

向孔雀学习
（关于装饰的一些话）

对一些人来说，除了品尝和饮用的一切内容都太过浮夸、令人反感。但是对另一些人来说，鸡尾酒是调酒师能力的体现，糟糕的装饰会让他们担心鸡尾酒的质量。

通常来说，两种人的想法都有正确的部分。我们先来区分一下传统的鸡尾酒非配料装饰和作为配料的装饰。古典鸡尾酒中的橙皮条和朱丽普（Julep）中的薄荷芽属于后者，这些材料中的香气（有时候也包括味觉）对整杯酒很重要，不可以从制作过程中去掉。从根本上说，如果没有橙皮，就不要尝试做古典鸡尾酒了。

非配料的装饰确实可以有所区分，比如说一杯雅文邑（Armagnac）肯定没有装饰。但是，如果装饰物的质量很差或制作不佳，比如糖姜或草莓菲克斯上面的树莓状态不佳，就会让人怀疑鸡尾酒的其他方面也没有被认真对待。一颗装饰用的黑莓存放太久、状态糟糕，说明首席调酒师或酒吧经理在采购和库存管理方面不合格。而且一批水果中最漂亮的才会被选来作装饰，装饰的黑莓糟糕的话，那捣在酒里的黑莓是不是发霉起斑了呢？

不新鲜的薄荷芽说明调酒师要么对他做的饮料毫不在意，要么已经无力负荷他的工作强度。做酒时准确地量取青柠汁的量显然要比放置装饰物更难，如果装饰都放不好，那很显然此时他的饮料会太酸苦或太甜。让一杯酒带着不达标的装饰出品，而不是宁愿不带装饰，正是调酒师已经疲于应付或者根本就不在乎酒的质量的证据。有些人或许不喜欢鸡尾酒没有装饰，但我在这里要说，对不构成材料的鸡尾酒装饰来说，调酒师有权选择不放装饰，或者当手边的材料质量不好时用其他材料替代。用青柠角装饰一杯莫吉托比不新鲜的薄荷芽好得多。

或许可以用动物学家看待生物的态度来看鸡尾酒装饰。最有名的例子是雄孔雀会向雌孔雀展示它令人惊叹的羽毛，证明它在维持生存所需之外还有足够多的额外的营养可以利用。一个能在繁重的工作中还有余力挑选和摆放装饰的调酒师，一个能时刻关注装饰物在送酒途中有没有掉落的调酒师，才是你会想要他为你做一杯酒的那一个。

On Frozen Water

关于冰水

萨沙和我常常讨论冰，讨论冰在一杯成功的、完美的鸡尾酒中起到的作用。我们工作结束后在酒吧聊过几次，后来的几年里一直跨过千山万水通过邮件沟通。在我自己理解之前，萨沙就告诉我说，用冰块制作鸡尾酒的做法早在哈里・克莱多克的《萨伏伊鸡尾酒会》中就可以找到。

给年轻调酒师的一些提示：

（1）冰块对几乎所有鸡尾酒都必不可少。

（2）永远不要重复使用一块冰。

（3）切记，比起刚刚好的尺寸，摇壶稍微大一点材料混合得更好。

（4）使出你所有力气去摇！不要只是晃几下，你是要把酒唤醒，而不是送它去睡觉！

（5）做得到的话，在使用之前冰杯。

（6）尽快喝掉你的鸡尾酒。有一次，哈里・克莱多克被问到饮用一杯鸡尾酒的最好方式是什么。“尽快，”这位绅士回复说，

“趁它还在朝你笑的时候。”

关于冰块在鸡尾酒中的角色，以及在“佩特拉斯克式”的鸡尾酒中冰块如何影响一杯鸡尾酒，以下是萨沙自己的话。

（1）冰块在一杯酒中如何支配温度?

“我认为，在一杯鸡尾酒中温度与口感和配方本身一样重要。我常常举这个例子：在一个炎热的夏日你在户外工作，你‘咔’的一声打开一罐冰可乐——简直完美。然后你把这瓶可乐留在室温下，温度上来了，气也没了。没法喝了。整个过程中我们没有改变配方或任何化学成分，完全是温度的作用。”

（2）将冰块放入摇壶或搅拌杯前，为什么要保存在冰箱里?

“冰块的温度至关重要。更确切地说，保证冰块是干的至关重要。能量传递是在状态变化的那一个点上发生的，具体说就是在冰变成水时。哪怕只是冰块表面化一点水，你加入的就是冰和水，而不只是冰。除了这个融化的点之外也有能量交换，但是不多。”

（3）为什么摇酒用大冰块?

“其他条件一样的话，用大冰块摇酒的好处是可以摇更长时间，在鸡尾酒表面形成绵密的小冰晶。当然，想要达成这种效果，在摇酒过程的最后大冰块一定会破碎。如果只是一直轻轻摇荡，要么酒会不够冰，要么就没有这层碎冰晶。除了大冰块，缩短摇荡时间而能保证温度的办法是使用冷冻的烈酒：用 4 块 Kold-Draft 制冰机冰块加上冻朗姆酒的结果在各方面都等同我们用大冰块的大吉利。”

（4）鸡尾酒制作的目标温度。

“零下 8 摄氏度不现实。我要的是零下 4 摄氏度——这是‘理想区域’，在这个温度下，任何杯量和杯型的鸡尾酒都可以在 20 分钟后仍保持冰凉。”

（5）鸡尾酒的化水、水量和酒精度。

“我并不会在意具体一杯鸡尾酒的水比其他的多或少，我认为这是个‘很窄的区域’，一杯有柠檬类水果、不含冰块的鸡尾酒酒精度在 15~18 度。出品时有冰的鸡尾酒，它的水量显然会在饮用过程中变化，融化的速度和冰块表面积直接相关。我认为重点在于关注调酒的结果，而不是过程和结果一起讨论。这也是为什么我不喜欢‘化水（dilution）’这个词。一杯鸡尾酒调制完成时的水量最好用酒精度来表示。水是怎么被加入的并不重要，重要的是结果中有多少水。我们的大吉利酒精度差不多是 17 度。”

（6）其他。

“我们不能过于笼统地描述鸡尾酒中的水量，而应该改用酒精度来表示。酒精总量的计算是这样的：60 毫升 40 度的朗姆酒中有 24 毫升酒精，60 毫升 43 度的金酒含 25.8 毫升酒精。得出来的酒精量除以最终的液体量，就可以得到鸡尾酒的酒精度。”

按照萨沙的方法，在加冰摇荡来增加水量（和达到最佳温度）之后，酒精量除以鸡尾酒的液体总量就可以计算出酒精度。

比如一杯使用 60 毫升 40 度朗姆酒的大吉利，它在加冰块摇荡前的液体量是 111 毫升，加冰摇荡之后的液体总量是 133 毫升，盛装在 163 毫升的碟形香槟杯中。它的酒精度公式将会是：24 ÷ 133=18 度。

专业调酒师和爱好者大都认为，对于一杯理想的鸡尾酒，它从冰块中得到的水量应该在 25%~30%。这个数字不能随意应用于所有情况。总的来说，不管是曼哈顿、古典鸡尾酒还是任何其他的鸡尾酒，准备鸡尾酒时只需要考虑平衡、温度和水量就好了。

在 Milk & Honey、Little Branch 和其余萨沙主导的酒吧，他要求我们要根据每一款鸡尾酒使用的特定杯型要求的水位来摇荡或搅拌鸡尾酒。（水位是指一杯鸡尾酒液体在杯壁处的高度，一杯漫到杯沿的鸡尾酒并不理想，在饮料和杯沿之间要有一定的空间。）

不管是搅拌还是摇荡的酒，我们从不在摇壶里留有一些酒，一下下抖动手腕来达到理想的水位，也绝对不会在摇壶或搅拌杯里留下任何液体。萨沙教导我们调整摇荡和搅拌的量去满足需要的水位，而不是相反。把最后一滴也倒干净总是好的。

因此，调酒师有必要勤加练习来保证始终达到正确酒精度、温度和水量，不要留下任何液体在摇壶或搅拌杯中以至要在老板不注意的情况下偷偷倒进下水道里。在家调酒招待客人时也是一样的道理。

在冰块的话题上，萨沙最后写给我的是："很遗憾，在所有人中只有我们认为水量是个可以控制的变量，多数人都是去被动地核实'你是不是化了足够的水'。我永远不会，你也不需要因为这些人心烦。如果有人在繁忙的工作中做出了一杯没法喝的酒，那他平时在安静的环境里也不会表现好。这就像是 19 世纪 90 年代的插旗占地运动[1]，我们不要失去理智盲目追随。"

理查德·博卡托（Richard Boccato）

1　美国政府为了促进边区移民，推行的土地公民强占政策：起跑枪响后人们骑马狂奔，插下界桩就可以合法拥有土地。

第二篇 酒谱

II

Recipes

The Old Fashioned

古典鸡尾酒

在杯中直接调制的鸡尾酒

美国三部曲

The American Trilogy

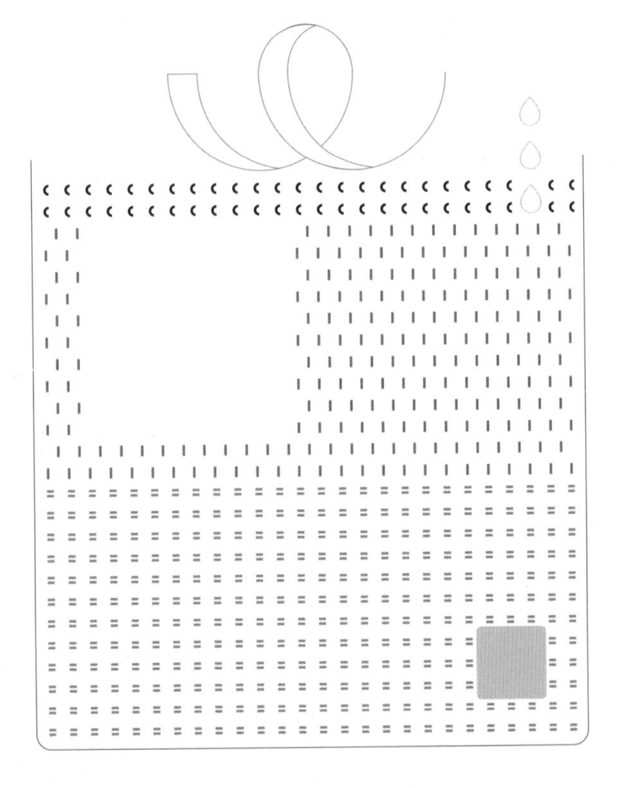

我早期在 Little Branch 和 Milk & Honey 受训时，很幸运和迈克尔·麦克罗伊（Michael McIlroy）一起搭档过很多班次。他的关爱和他教导的“佩特拉斯克式”鸡尾酒制作方式构成了我职业生涯的基石。一次，在 Little Branch 的一个困倦的午夜，我问迈克尔有没有可能用和我们招牌古典鸡尾酒稍有不同的材料，设计一杯同样直接在杯子里做的鸡尾酒。

这杯酒并没有经过太多试验和试错。我们给它起了“美国三部曲”这个名字，当然严格说起来这杯酒的材料并不是百分百“美国造”，创作它的我和迈克尔两位调酒师也不是美国人。有句谚语是“苹果和橙子——风马牛不相及”，这杯酒也是如此。

——理查德·博卡托

1 小块黄方糖

2~4 滴 * 橙味苦精

少量苏打水

30 毫升黑麦威士忌

30 毫升美国苹果白兰地

橙皮作装饰

将方糖放入室温的威士忌杯，用苦精浸湿。加入少量苏打水（不超过一吧勺），将方糖轻轻捣成糊状。加入威士忌、苹果白兰地、一大块冰。搅拌 10~15 圈，用橙皮装饰。

* 在鸡尾酒配方中，1 滴约为 0.6 毫升。

牧场是我家

Home On the Range

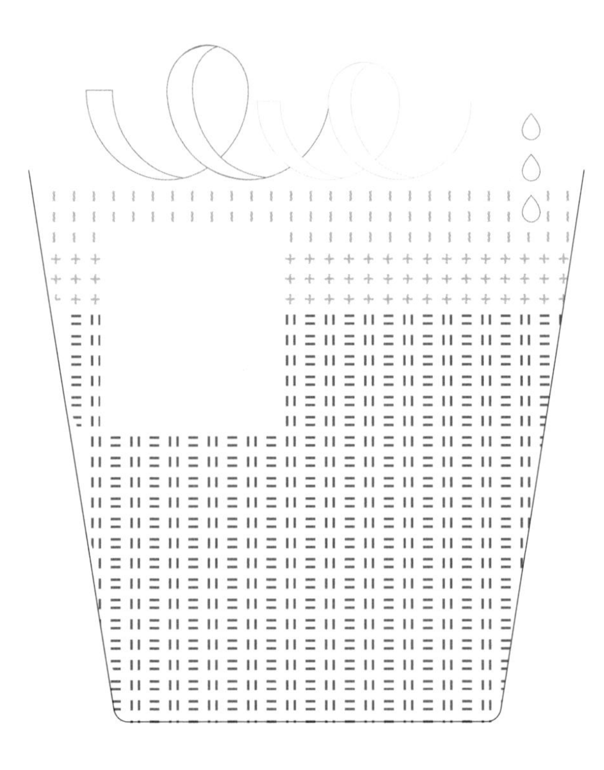

这杯酒基于我多年前从1941年出版的克罗斯比·盖奇（Crosby Gaige）的《鸡尾酒指南和女士伴侣》（*Cocktail Guide and Ladies' Companion*）中找到的一个老配方。这本书中的配方都值得一试。萨沙将这个配方发扬光大，变成了他鸡尾酒作品集中的一个。

——迈克尔·马杜山（Michael Madrusan）

3滴安高天娜苦精

7.5毫升甜味美思，推荐好奇都林映象味美思

7.5毫升橙皮甜酒

60毫升波本威士忌

柠檬皮作装饰

橙皮作装饰

在洛克杯中直接混合，从苦精开始依次放入，最后加入波本威士忌。放一大块冰块，搅拌数次。用柠檬皮和橙皮装饰。

夏尔巴人

The Sherpa

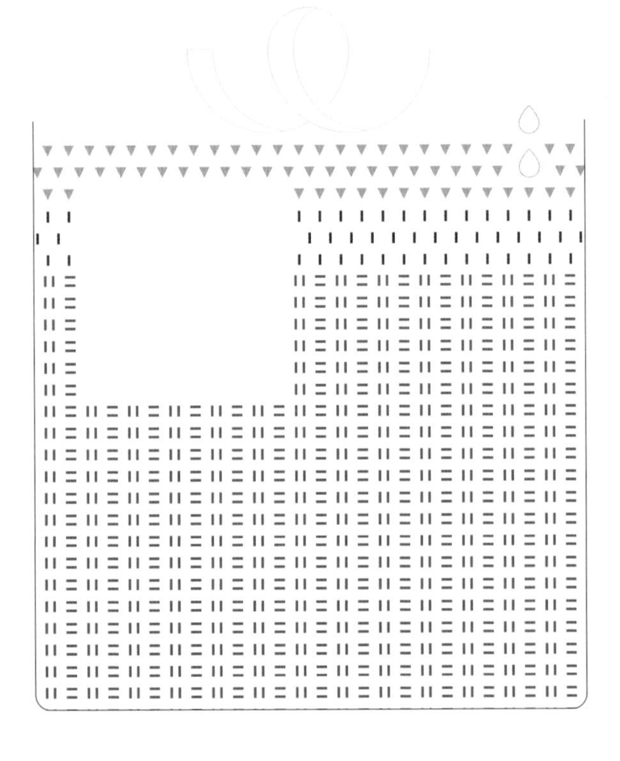

认识萨沙的时候，我还在 Dutch Kills 酒吧做门童。后来的6 年间我逐渐成长为调酒师，这其中他的教导功不可没。他是我的良师，也是益友。即使在我职业生涯的最初，他也把我当成同侪和朋辈，而不是后辈。我记得有一次，我曾被他的过分细致搞得很烦——我们花了差不多一个半小时调整这个配方，一点点添加不同材料，想要找到怎样做最好。结果最后确定第一个版本是最优的。

但这次尝试各种微小变化的经验也让我明白了人的味蕾有多么精妙，为什么度量的精准如此重要。

—— 马特·克拉克（Matt Clark）

2 滴橙味苦精

7.5 毫升库拉索橙味利口酒

7.5 毫升圣伊丽莎白多香果利口酒

60 毫升波本威士忌，推荐使用爱利加 12

柠檬皮作装饰

在威士忌杯中混合，从苦精开始依次加入，最后加入波本威士忌。加一大块冰块，搅拌数次即可。这种有冰块的饮料需要在一开始时含有尽量少的水分，这样可以一直享用，不会变太淡。用柠檬皮装饰。

是，伙计

Si-Güey

Segue 意为“从一个场景转移到另一个，毫无停顿”，这是我们在所有佩特拉斯克酒吧工作的一条准则。在墨西哥西班牙语口语中，Güey 是在不提到名字的情况下指代一个人。“Sí, Güey”* “是，伙计”，萨沙和所有调酒师们每晚都会互相说好几次。

——迈克尔·马杜山

3 滴橙味苦精
7.5 毫升库拉索橙味利口酒
60 毫升过桶特其拉
7.5 毫升艾雷岛威士忌

将材料从苦精到特其拉按顺序加入威士忌杯。加入一大块冰并搅拌。加入艾雷岛威士忌，使其漂浮在顶部。

* 这个名字是个文字游戏，西班牙语的 Sí，Güey 和英语 segue 发音相似，Sí 意为“是的，好的”。

告密者

Tattletale

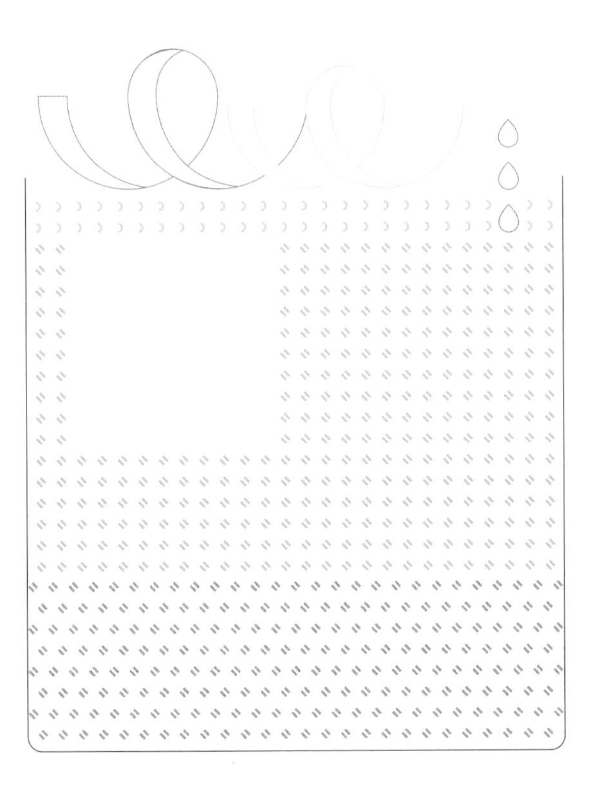

萨沙不只是我的导师，也是我的好友。他从别的领域进入酒吧行业，但他关于水位、水量、量酒器的效率等问题的想法使我惊掉了下巴。更关键的是，他的想法全都是对的。萨沙他思维缜密，安静，值得信赖。

我那时在 3 家酒吧工作，其中的 Pegu 俱乐部刚开时萨沙会来喝酒。他不喜欢有烟熏风味的苏格兰威士忌，于是我想让他尝试这一杯。他喝了一口，然后就直直地坐着。我看了看他的表情，把这杯有点冒犯他的酒拿走，按他的需求上了一杯双份的女王公园碎冰鸡尾酒（见 186、188 页）。告密者是古典鸡尾酒的烟熏版本，我用蜂蜜替换糖以增加一些酒体。

——萨姆·罗斯（Sam Ross）

3 滴安高天娜苦精

1 吧勺蜂蜜

37.5 毫升苏格兰高地威士忌

22 毫升艾雷岛威士忌

柠檬皮作装饰

橙皮作装饰

从苦精开始依次在室温的威士忌杯中加入所有材料。放入一大块冰，搅拌 5~6 次。用柠檬皮和橙皮装饰。

The Martini and the Manhattan

马天尼和曼哈顿

搅拌制作的鸡尾酒

.38 口径左轮手枪

.38 Special

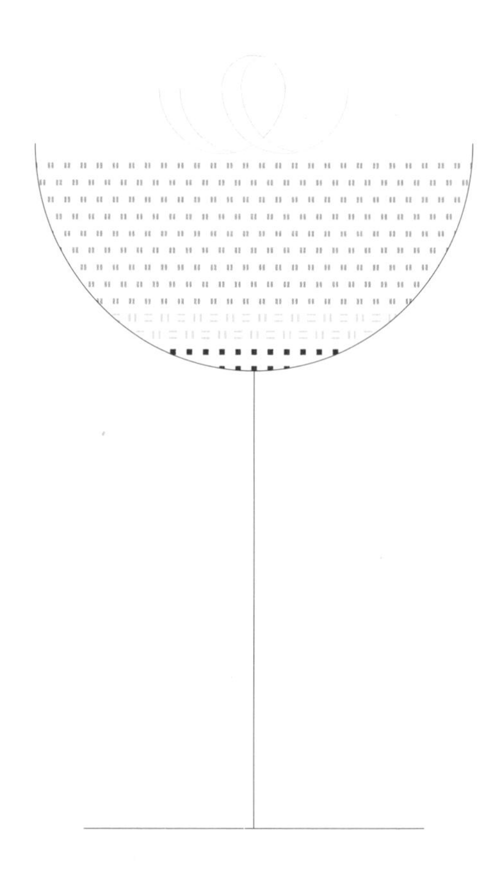

最开始，萨沙不肯让我用 .38 这个名字，因为听起来太暴力了。我不得不解释名字和配方用量的关联，而他始终不肯改变主意。我举了法兰西 75 毫米炮（见 152 页）的例子，还是不行。我有点生气，就不怎么做这杯酒，直到他几乎忘掉这回事。差不多一个月之后，他终于回心转意了。

——迈克尔·马杜山

67.5 毫升苏格兰调和威士忌
11 毫升查特黄香甜酒
11 毫升西奥·西亚罗苦味酒
柠檬皮作装饰

将苏格兰调和威士忌、查特黄香甜酒和苦味酒加入装好冰块的搅拌杯，搅拌至完全冷却。滤入冰冻的碟形杯，用柠檬皮装饰。

本森赫

Bensonhurst

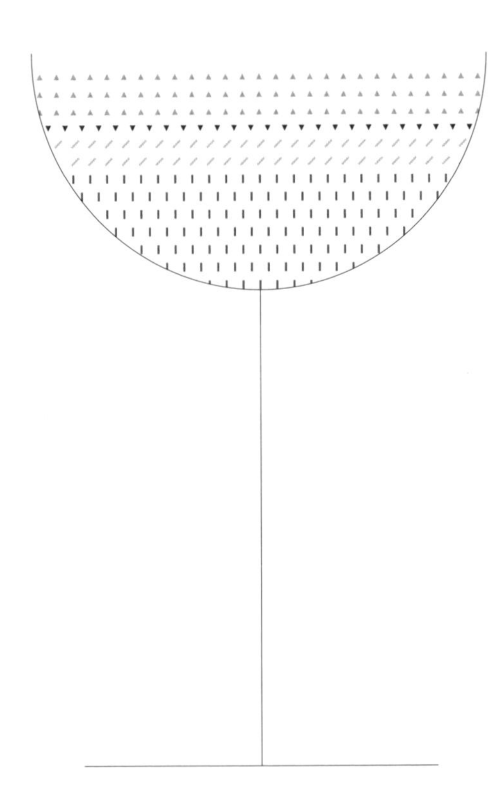

我在布鲁克林鸡尾酒（Brooklyn Cocktail）的基础上创作了本森赫，部分原因是缺乏法国苦·波功酒。那是 2006 年的冬天，当时我同时在 Pegu 俱乐部和 Milk & Honey 工作。文森索·埃里科（Vincenzo Errico）2004 年在 Milk & Honey 创作出了红鱼钩鸡尾酒（见 62 页），它是布鲁克林鸡尾酒的第一个变体，这开启了用布鲁克林街区的名字来命名它变种配方的先河。*

—— 查得·所罗门（Chad Solomon）

30 毫升干味美思，偏好使用杜凌
5 毫升西那
10 毫升野樱桃利口酒，偏好路萨朵
60 毫升黑麦威士忌，偏好瑞顿房

将干味美思、西那、野樱桃利口酒和黑麦威士忌加入冰冻的搅拌杯，放入冰块。搅拌至完全冷却，滤入碟形杯。

* 红鱼钩和本森赫都是布鲁克林街区名。

科布尔山

Cobble Hill

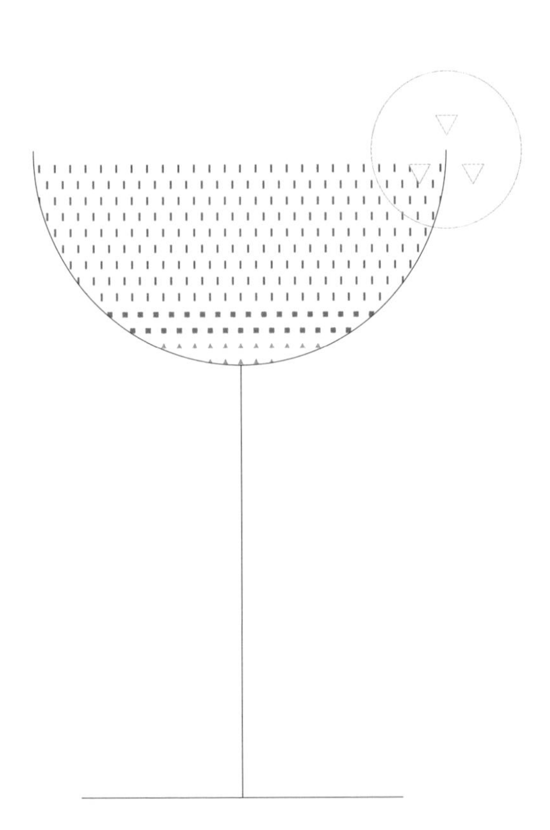

这是在 Milk & Honey 创建早期诞生的配方。有段时间我们会往所有酒里面放黄瓜。萨沙和我想要一种夏天喝的曼哈顿，于是创作出了科布尔山。它轻盈、充满花香，恰好是经典曼哈顿鸡尾酒的反面。

—— 萨姆 · 罗斯

3 片黄瓜

60 毫升黑麦威士忌

15 毫升蒙特内罗苦味酒

15 毫升干味美思

向搅拌杯中放入两片黄瓜，用捣棒轻轻挤压。加入黑麦威士忌、苦味酒和干味美思，加入冰块，搅拌 30 秒。将酒滤入碟形杯，用最后一片黄瓜装饰。

蔚蓝深海

Deep Blue Sea

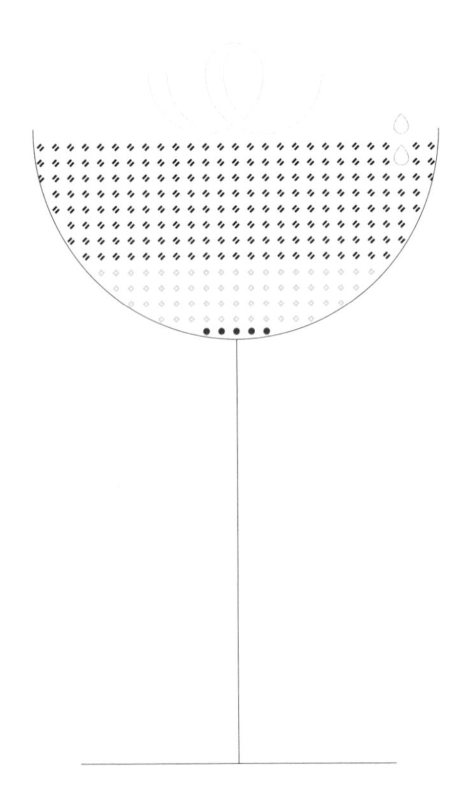

这是我为萨沙创作的第一款酒。那天晚上我尝试了很多次，试遍了几乎所有可能的变化，最后他终于通过了（新配方必须先征得他的同意才能做给客人）。无法估量萨沙陪我度过了多少时间，对我来说就像是小时候和父亲玩接球游戏的时光。

—— 迈克尔·马杜山

60 毫升金酒

22 毫升好奇美国佬

7.5 毫升紫罗兰糖浆（见 7 页）

2 滴橙味苦精

柠檬皮作装饰

在装好冰的搅拌杯中加入金酒、好奇美国佬、紫罗兰糖浆和橙味苦精。搅拌到充分冷却，滤入冰冻的碟形杯，用柠檬皮装饰。

后备计划

Fallback Cocktail

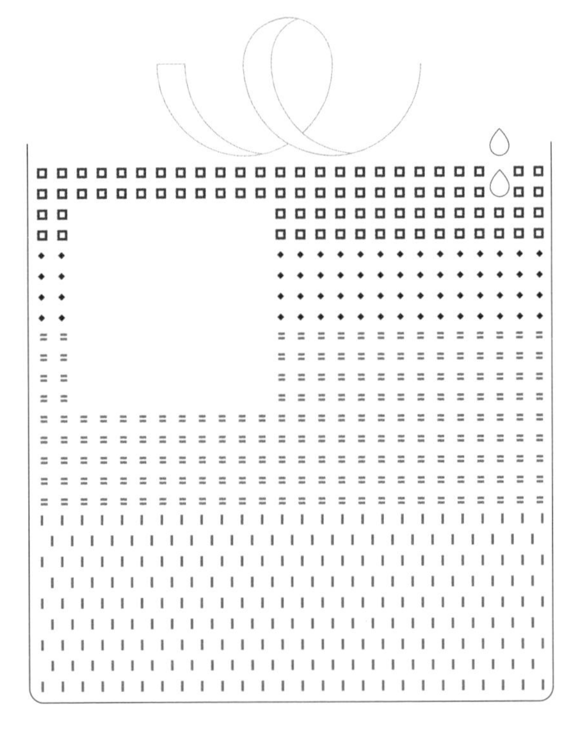

萨沙在海鲂鱼与牡蛎餐厅（Joho Dory Oyster）做顾问时，为秋季酒单创作了这款鸡尾酒。它和店里的黄油餐包是绝配，让人充满负罪感又欲罢不能。

——露辛达·斯特林（Lucinda Sterling）

2 滴贝乔苦精

15 毫升诺妮苦味酒

15 毫升卡帕诺安提卡

30 毫升美国苹果白兰地

30 毫升黑麦威士忌

橙皮作装饰

在威士忌杯中加入苦精、苦味酒、卡帕诺安提卡、白兰地和威士忌。加入一大块冰，搅拌至充分冷却。用橙皮装饰。

金和意大利味美思

Gin & It

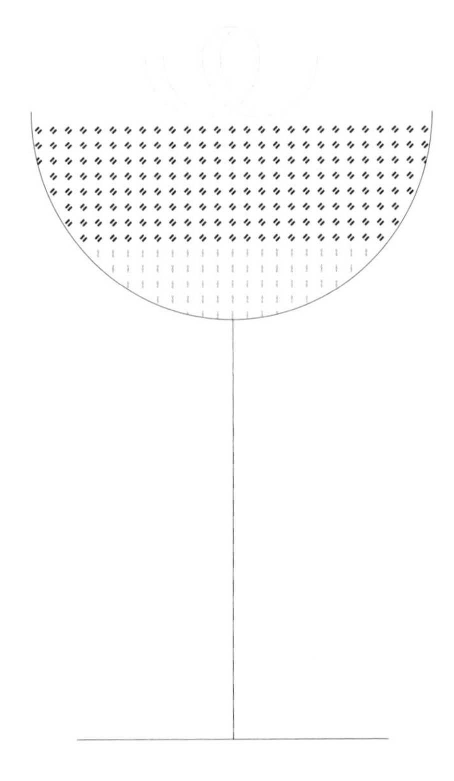

它和生意（见 74 页）两款酒有特殊的地位，找不到比它们更能代表我丈夫的鸡尾酒了。我们都很爱它，爱到将它装在玻璃罐里，和 Milk & Honey 的碟形香槟杯一起作为结婚礼物送给客人。最初这款酒是常温饮用的，加冰块降温和增加水分是现代的改进，也成为主流做法。

“It”是意大利味美思的缩写，原始配方出现在 1905 年出版的《霍夫曼家庭酒保指南：如何开酒馆并使其值得》（*Hoffman House Bartender's Guide: How to Open a Saloon and Make it Pay*）。原配方是 74 毫升金酒和 15 毫升甜味美思，但萨沙和我一直只喜欢金酒和味美思 2 ∶ 1 的比例。

——乔吉特·莫杰－佩特拉斯克

60 毫升金酒
30 毫升甜味美思
柠檬皮作装饰

在装好冰块的搅拌杯中搅拌金酒和味美思，直到完全冷却。滤入冰冻的碟形杯。在杯子上方扭柠檬皮提取皮油，然后用柠檬皮装饰。

左手

Left Hand

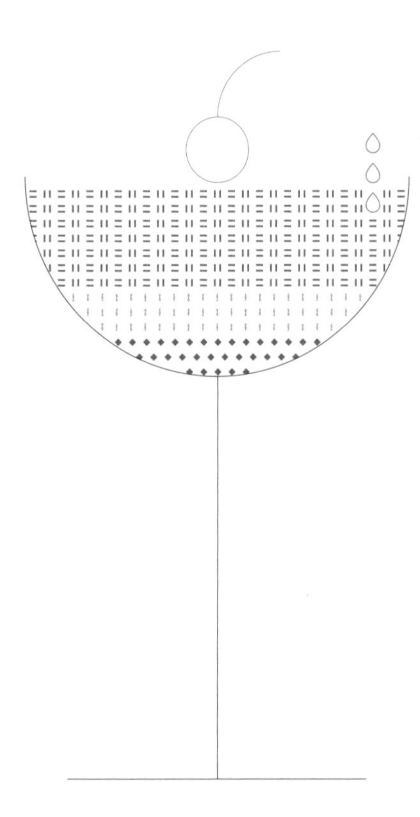

在 Milk & Honey 创建早期，我们创作了一系列用手命名的鸡尾酒。右手（Right Hand）使用了陈年朗姆酒，三只手（Tres Hand）改用梅斯卡尔和特其拉，烟手（Smoking Hand）是艾雷岛威士忌和高地威士忌的组合。左手是我们在花花公子（Boulevardier）重新火起来之前使用的内格罗尼（Negroni）的改编，配方含有当时新发布的比特曼巧克力苦精。萨沙只称赞过不多的几款鸡尾酒，而这款是“手系列”中他喜欢的那一杯。“干得好，萨姆。”他说。

——萨姆·罗斯

45 毫升波本威士忌

22 毫升甜味美思

22 毫升金巴利

3 滴比特曼巧克力苦精

鸡尾酒樱桃作装饰

向搅拌杯中加入波本威士忌、味美思、金巴利和苦精，装入冰块，搅拌 30 秒。滤入冰冻的碟形杯，用樱桃装饰。

马天尼

Martini

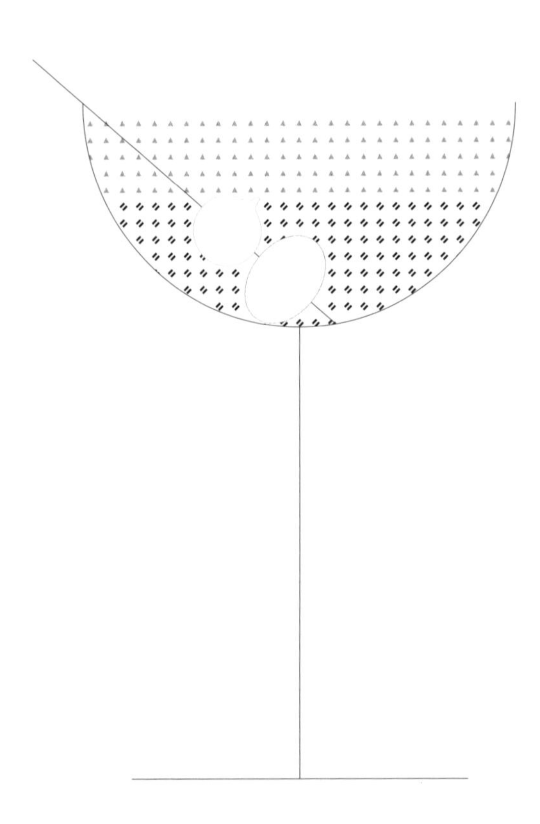

马天尼在搅拌制作的鸡尾酒中的地位，就像是大吉利在摇荡制作的鸡尾酒中的地位——二者的配方都非常简单，只需要技术和操作。通常认为一杯好的马天尼应该是干的，但萨沙的马天尼是我见过最不干的——它的比例是 2 ∶ 1。萨沙一般用金酒制作，除非客人有特殊要求。

在佩特拉斯克的酒吧，搅拌法制作的鸡尾酒都是按 89 毫升液体的标准来做。你常常会看到萨沙弯着腰检查即将出品给客人的每一杯酒的水线。他常说，制作一杯酒的终极目标就是使它尽可能地冰凉（“不存在所谓的太冰了一说”），同时保持合适的水量。

装饰是完成一杯传统马天尼的最后一步。柠檬皮芬芳但是苦涩，所以使用时必须轻柔。有一次我见到萨沙向他的调酒师点了用柠檬皮装饰的马天尼，调酒师把柠檬皮里的所有皮油都挤到了酒杯里。萨沙尝过之后将它递给调酒师品尝。他说：“你只能闻到和尝到柠檬皮的味道，没有平衡可言。”他并没有生气或者吼叫，只是正常讲解，一如往常。

——亚伯拉罕·霍金斯（Abraham Hawkins）

30 毫升干味美思
60 毫升金酒
橄榄、鸡尾酒洋葱或柠檬皮作装饰

在冰冻的搅拌杯中混合干味美思和金酒。加入冰块，搅拌至完全冷却。滤入冰冻的碟形杯，用橄榄、鸡尾酒洋葱或柠檬皮装饰。

红鱼钩鸡尾酒

Red Hook Cocktail

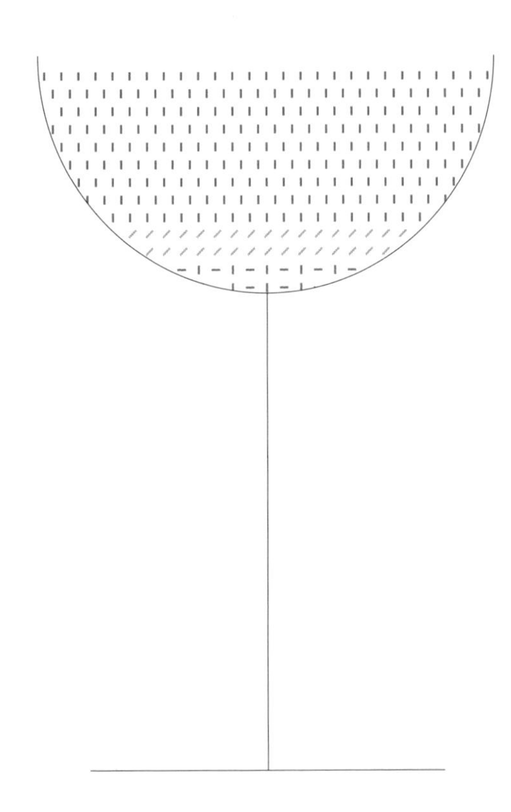

第一次遇到萨沙时我在伦敦的 Match 酒吧工作。他来筹备和乔纳森·唐尼（Jonathan Downey，Match 酒吧的老板）共同运营的 Milk & Honey 伦敦店，而我即将成为这家店开业团队的一员。

一天晚上，我在倒一杯香槟时让酒标朝向了下方。萨沙很温和地纠正了我："当你为客人倒酒的时候，酒标永远要向上。"我反驳说："这我知道，但是酒吧里根本没人看得到。"但他说："我们必须这样做，这是出于对我们产品的尊重。"不管在工作时还是平时，他向来如此绅士。

后来萨沙邀请我去纽约 Milk & Honey 总店工作。对我来说它已经是最好的酒吧了，但对萨沙来说还不是。他总是在思考店里的服务还有什么地方可以改进。比如说，为了确保果汁不会氧化，店里的调酒师在鸡尾酒下单之后才现场榨柠檬汁。了不起。

2003 年，我在 Milk & Honey 创作了红鱼钩鸡尾酒。它仅靠口口相传就出现在了很多酒吧的酒单上，这让我很是骄傲。

—— 文森索·埃里科

60 毫升黑麦威士忌
15 毫升野樱桃利口酒
15 毫升卡帕诺潘脱蜜味美思

在放好冰块的搅拌杯中混合威士忌、野樱桃利口酒和味美思，搅拌至完全冷却。滤入冰冻的碟形杯。

随机应变

Savoir Faire

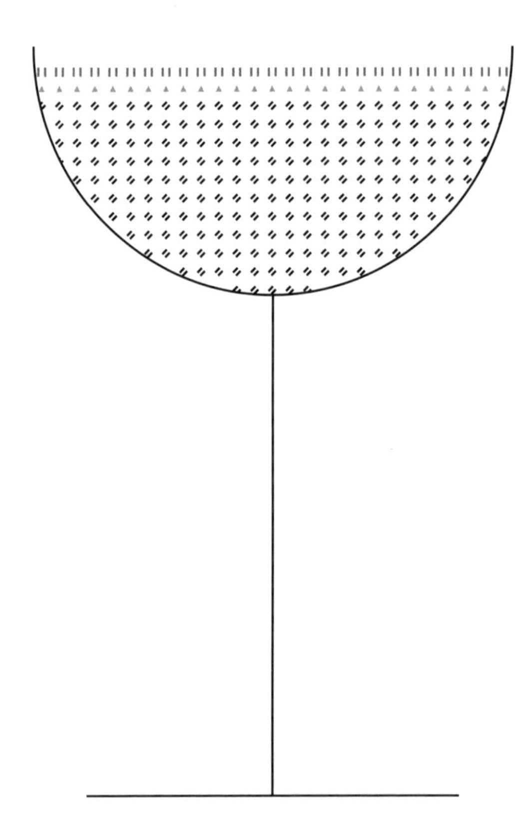

西奥·利伯曼（Theo Lieberman）在 Lantern's Keep 酒吧做首席调酒师时指导过我，他非常佩服萨沙在鸡尾酒研究方面的付出。西奥要求我们必须实践这些研究。23 号街的 Milk & Honey 开业时西奥成为首席调酒师，他把我带到了这里。每次当萨沙指出我的不足，或者向我鼓励地点点头时，我都觉得非常幸运。他知道我们都为能在这儿工作感到骄傲。

乔吉特偶尔会来 Milk & Honey 喝几杯鸡尾酒。她热爱花香味的饮料，我自己也喜欢这种风味，后来终于鼓起勇气给她做了这杯随机应变。

——劳伦·麦克劳克林（Lauren McLaughlin）

7.5 毫升阿韦兹利口酒
7.5 毫升干味美思，偏好杜凌
60 毫升金酒
橙花水作为喷雾
柠檬皮

在装满碎冰的搅拌杯中混合利口酒、干味美思和金酒，搅拌到充分冷却。向冰冻的碟形杯中喷入橙花水，滤入搅好的鸡尾酒。在鸡尾酒上方轻扭柠檬皮释放皮油，并用柠檬皮轻擦杯口。柠檬皮丢弃不要。

一年之计在于春

Spring Forward

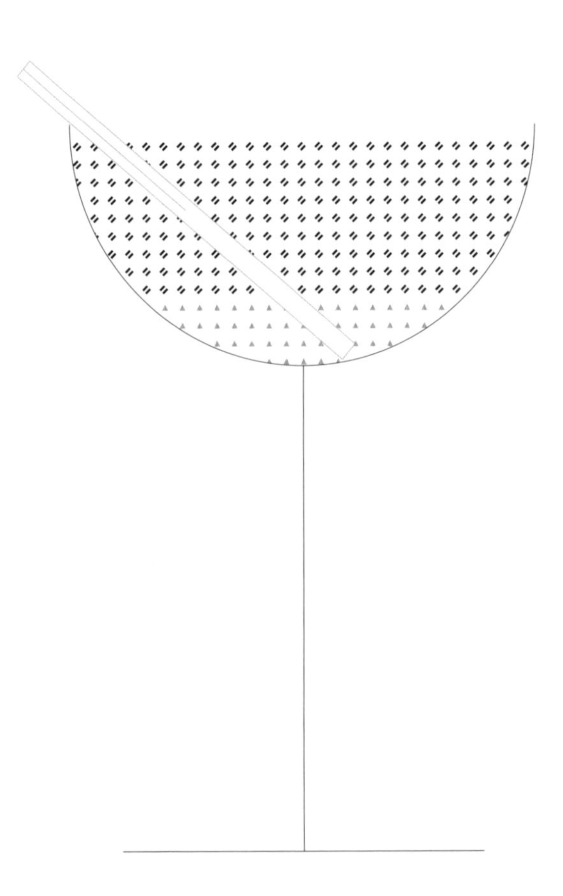

萨姆·罗斯和迈克尔·麦克罗伊每周日在爱烈治街 Milk & Honey 一起当班的那个班次是这一行的梦幻班次，也让我特别想成为其中一部分，我觉得萨沙组建了一支全球最惊艳的酒吧团队。萨姆快速地把我介绍给了萨沙："你见过西奥吗？他将会成为我们的重要成员。"萨沙身上充满了传奇色彩，但是很安静。他当时正在品尝萨姆从书上找到的迈泰鸡尾酒变种。我也点了一杯一样的，一边喝一边和我仰慕了很久的人聊天。

那一年的晚些时候，萨沙告诉我他在做的一个项目——Ace 酒店的海鲂鱼与牡蛎餐厅。这杯酒在那里很好卖。

—— 西奥·利伯曼

60 毫升金酒

30 毫升干味美思

2 根葱或北美野韭叶子

在冰冻的搅拌杯中混合金酒、干味美思和一根葱，用捣棒轻轻捣压葱（过分捣压容易萃取出苦的物质）。向搅拌杯中加入冰块，搅拌直到充分冷却。滤入冰冻的碟形杯，用另一根葱装饰。

The Sour

酸酒

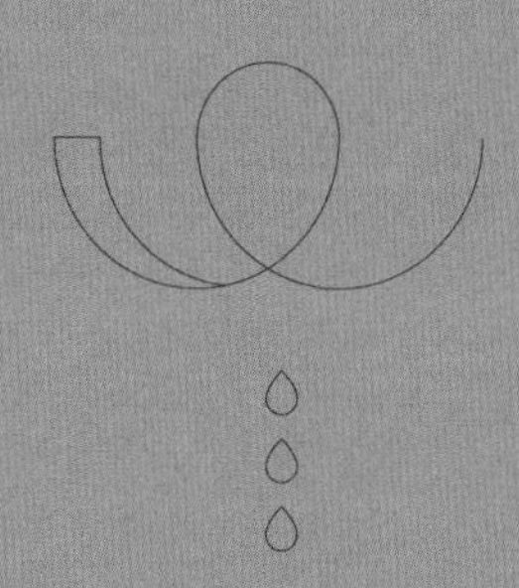

传统和创新

苹果酒

Apple Jack

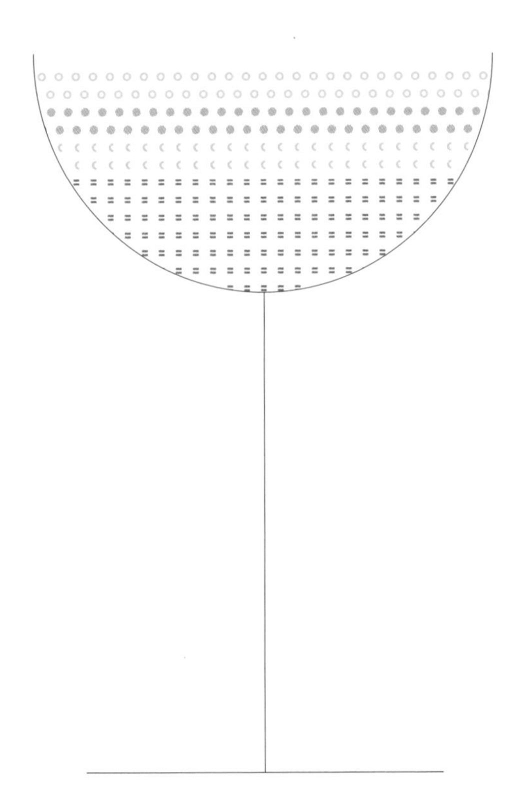

如果青果领开衫毛衣是杯鸡尾酒，它一定是这一款，因为萨沙喜欢在寒冷的秋夜饮用这杯酒，就像他喜欢秋天穿青果领开衫毛衣。当然他也认为在更深更冷的冬天苹果酒也是个好选择。萨沙的苹果酒改编自《萨伏伊鸡尾酒会》。书中的做法是用意大利味美思和苹果白兰地各 30 毫升，加入一滴安高天娜苦精，加冰摇和。而萨沙的版本融合了苹果酒和美国苹果白兰地，使之更具有香料和秋季水果的感觉。

—— 乔吉特 · 莫杰 – 佩特拉斯克

15 毫升柠檬汁

15 毫升简单糖浆（见 7 页）

15 毫升苹果酒

45 毫升美国苹果白兰地

在装好冰块的鸡尾酒摇壶中混合柠檬汁、糖浆、苹果酒和苹果白兰地，用力摇荡直到酒充分冷却。滤入冰冻的碟形杯。

蜜蜂膝盖

Bee's Knees

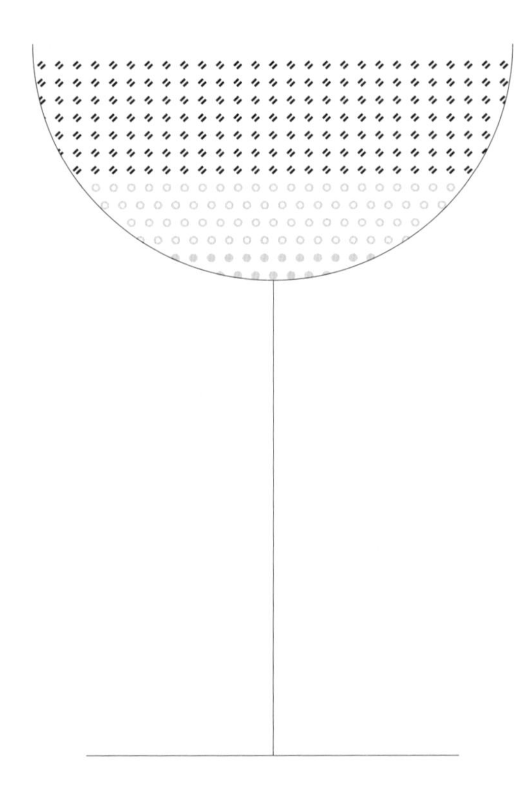

萨沙最爱的鸡尾酒之一。这杯酒可以追溯到殖民地时期，柠檬汁和蜂蜜最早用来掩盖私酿金酒的杂味。

—— 乔吉特 · 莫杰 – 佩特拉斯克

60 毫升金酒
30 毫升柠檬汁
22 毫升蜂蜜糖浆（见 8 页）

在摇壶中加入金酒、柠檬汁和蜂蜜糖浆，加入一大块冰，用力摇荡直到充分冷却。滤入冰冻的碟形杯。

生意

The Business

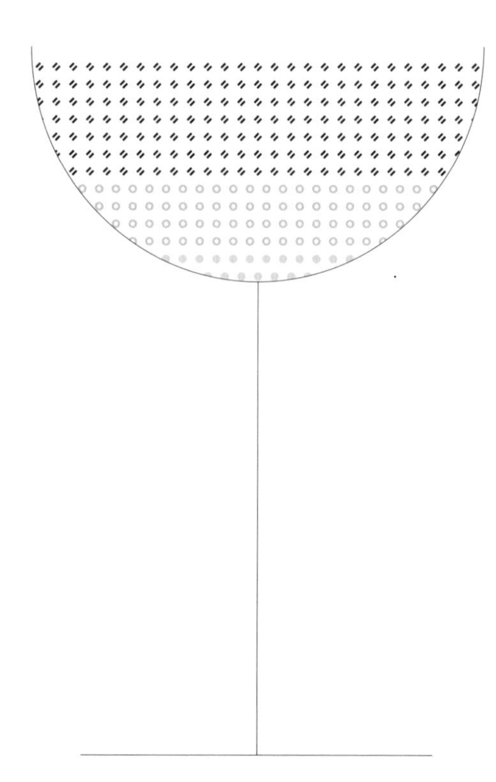

萨沙的鸡尾酒中，我最喜欢生意。这杯酒很好地表达了萨沙对简洁的重视，以及与简洁相反的对细节的苛求。如果这杯酒有哪怕一丁点不对，他都不会把它出品给任何人。当一杯酒只有 3 种材料的时候，有一点点不完美都很容易被发现。生意这个名字是个文字游戏，它是传统鸡尾酒蜜蜂膝盖的改编。Business 和 Bee’s Knees，分别念一遍就知道了。

——扎卡里·格尔瑙－鲁宾（Zachary Gelnaw-Rubin）

60 毫升金酒
30 毫升青柠汁
22 毫升蜂蜜糖浆（见 8 页）

向摇壶中加入金酒、青柠汁和蜂蜜糖浆，加入一大块冰，用力摇荡至充分冷却。滤入冰冻的碟形杯。

凯匹林纳

Caipirinha

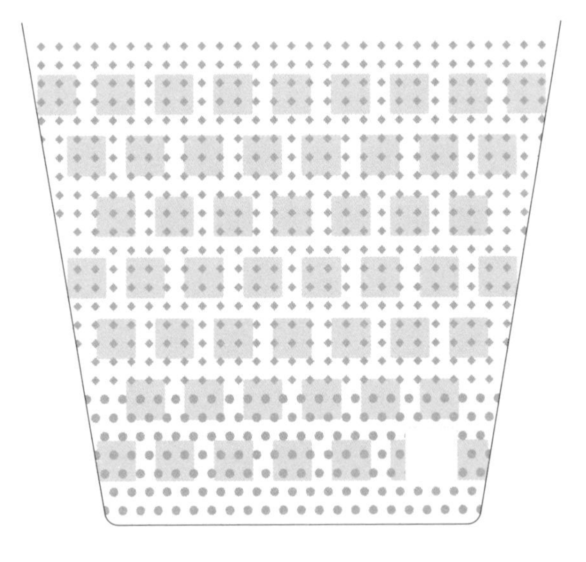

萨沙很喜欢凯匹林纳，他教过我们理想的做法。对于这种捣压柠檬类水果、使用碎冰的“农家做法”鸡尾酒，柠檬的酸度随着尺寸大小、成熟度和产地的不同变化很大。因此，很重要的一点是检查每晚的第一杯酒，确定酸度，以此来作为晚上其他酒的参照。如果有酒使用了新鲜浆果或者其他可能变化的材料，也一样要在营业开始时检查。

使用碎冰的鸡尾酒还有两个要点要注意：温度和水量。碎冰的状态会影响你摇荡时融化进鸡尾酒的水量。

—— 卡琳・斯坦利（Karin Stanley）

6 个青柠角

60 毫升卡莎萨

22 毫升简单糖浆（见 7 页）

1 块方糖

将青柠角、卡莎萨、糖浆和方糖放入摇壶一起捣压。装入碎冰，用力摇荡直到充分冷却。滤入大的洛克杯，加满碎冰。

卡瓦多斯 75 毫米炮

Calvados 75

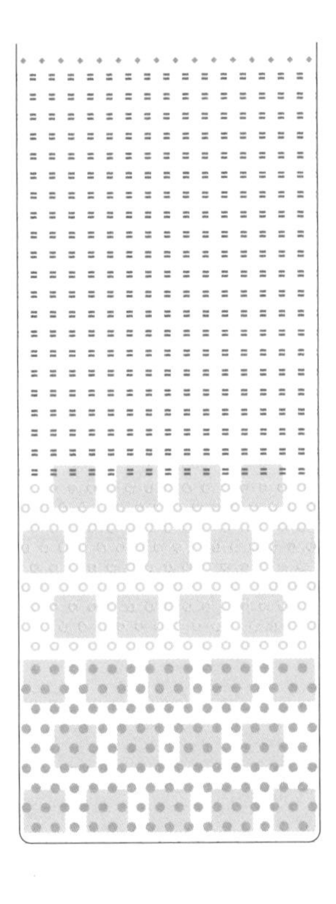

萨沙是含气饮料的忠实粉丝。卡瓦多斯 75 毫米炮改编自传统的法兰西 75 毫米炮（见 152 页）。用卡瓦多斯或美国苹果白兰地替代其中的金酒，并加入一些新鲜柠檬汁。不管是白天还是晚上享用，最后加入的香槟或卡瓦都能给人带来一丝早午餐的舒适感。

—— 露辛达 · 斯特林

30 毫升卡瓦多斯或美国苹果白兰地
15 毫升柠檬汁
15 毫升简单糖浆
香槟或卡瓦，加满

向鸡尾酒摇壶中加入苹果白兰地、柠檬汁、糖浆，加入碎冰，用力摇荡至充分冷却。滤入柯林杯，加入碎冰到半杯满，补满香槟或卡瓦。

香榭丽舍

Chanps-Élysées

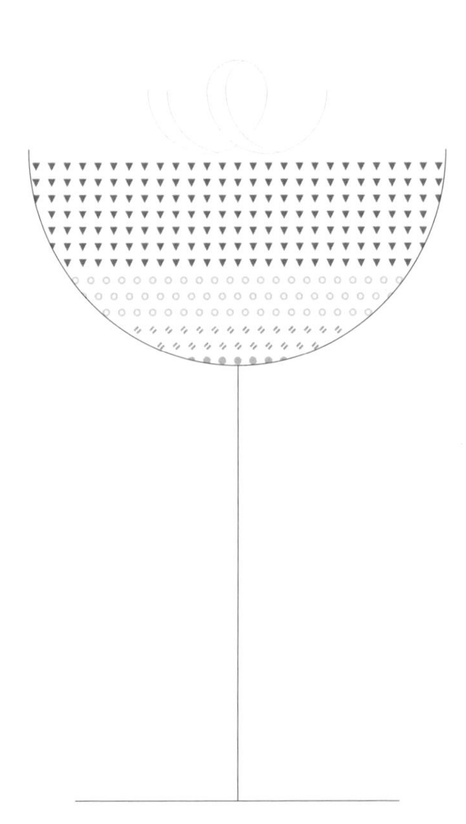

完美的秋季鸡尾酒。它是边车（Sidecar）的变体，用查特绿香甜酒替换了橙味的库拉索酒，使得复杂度得到了提升。我喜欢边车，它简洁而美妙，但香榭丽舍超乎预期，耐人回味。我第一次喝到香榭丽舍时，我像动画片里的人物一样又紧接着连喝了两口。大多数客人第一次喝到也是同样的反应。

——托比·马洛尼（Toby Maloney）

60 毫升干邑白兰地

22 毫升柠檬汁

15 毫升查特绿香甜酒

7.5 毫升简单糖浆（见 7 页）

柠檬皮作装饰

将白兰地、柠檬汁、香甜酒和糖浆加入摇壶，装入冰块，用力摇荡至充分冷却。滤入碟形杯，用柠檬皮装饰。

宇航员

Cosmonaut

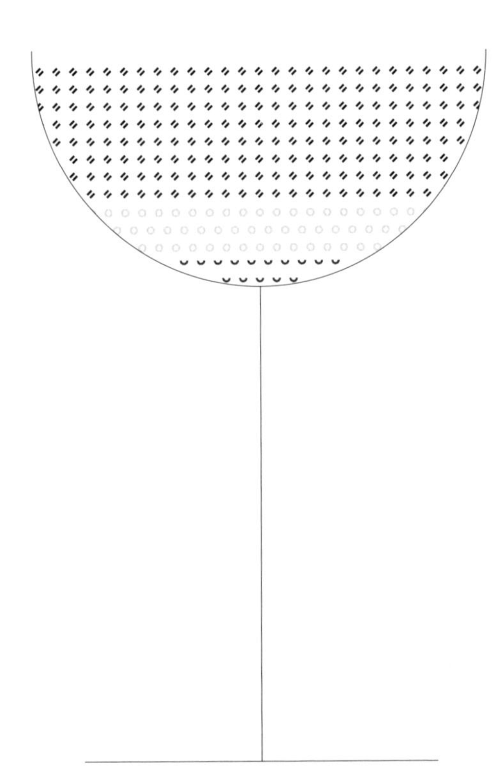

萨沙的这杯酒非常优秀，但出于一些原因没有得到应有的重视。萨沙将之命名为宇航员，用来讽刺大都会（Cosmopolitan）的流行和普及。* 它与大都会完全不一样，而是更像 20 世纪 30 年代的橙子酱鸡尾酒（Marmalade Cocktail，出自《萨伏伊鸡尾酒会》）。由于配方中使用了树莓果酱，它比橙子酱鸡尾酒更甜一些，从而更适合用作开胃酒。萨沙使用的果酱品牌是红白格子盖子的巧婆婆牌。

—— 迈克尔 · 马杜山

60 毫升金酒

22 毫升柠檬汁

1 吧勺树莓果酱

将金酒、柠檬汁和果酱加入冰冻的鸡尾酒摇壶，装满冰块，用力摇荡至饮料充分冷却。滤入冰冻的碟形杯。

* 大都会在 21 世纪 10 年代一度被当作 20 世纪流行但粗劣的鸡尾酒的代表作。

大吉利

Daiquiri

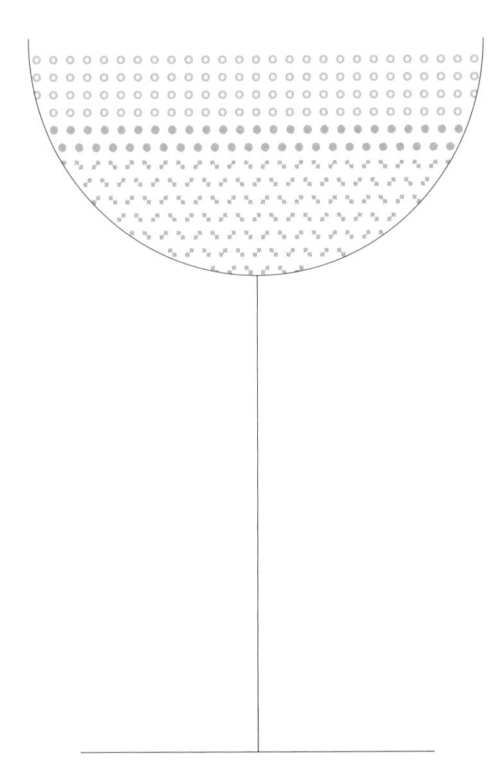

能否做好一杯完美的大吉利，是检测一家酒吧或者一个调酒师水平的标准，也是评判摇酒技术的标准。萨沙制作大吉利常常用26毫升青柠汁，因为30毫升青柠汁做的酒可能会太苦（在使用60毫升烈酒的情况下）。这同时说明了品尝检查每一杯酒，尤其是每晚第一杯的重要性，因为即使是最简单的酒，即使你完全按配方操作，材料的变化也可能导致偏差。

萨沙对质量的追求永无止境。如果这一轮做出来的酒有什么问题，这一轮的酒都会被扔掉重新做一次。每一杯都必须完美，同时点的一批饮料必须同时出品。不在乎掌声和个人的利益，而是安静沉默地做好自己的工作，这一点很重要，因为这样才是在酒吧工作的正确方式。

——亚伯拉罕·霍金斯

26~30 毫升青柠汁

22 毫升简单糖浆（见 7 页）

60 毫升白朗姆

将青柠汁、简单糖浆和白朗姆加入摇壶，放入一块 5 厘米见方的冰块，用力摇荡至饮料充分冷却。滤入冰冻的碟形杯。

大吉利4号

Daiquiri No.4

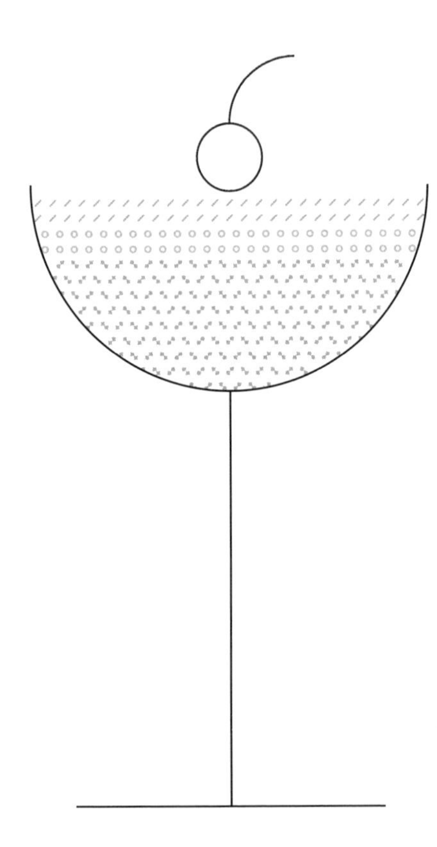

萨沙之前教过我如何制作大吉利，我在 Milk & Honey 和 Little Branch 工作的时候他时常会点一杯。大吉利 4 号是另一款能展现萨沙鸡尾酒风格的酒，它只有 3 种材料，完美平衡、简洁有序。

——理查德·博卡托

22 毫升野樱桃利口酒

22 毫升青柠汁

60 毫升白朗姆

罐头酒渍樱桃作装饰，建议使用路萨朵牌

将野樱桃利口酒、青柠汁和白朗姆加入摇壶，加入冰块，用力摇荡至饮料充分冷却。滤入冰冻的碟形杯，用樱桃装饰。

黛比，不要

Debbie, Don't

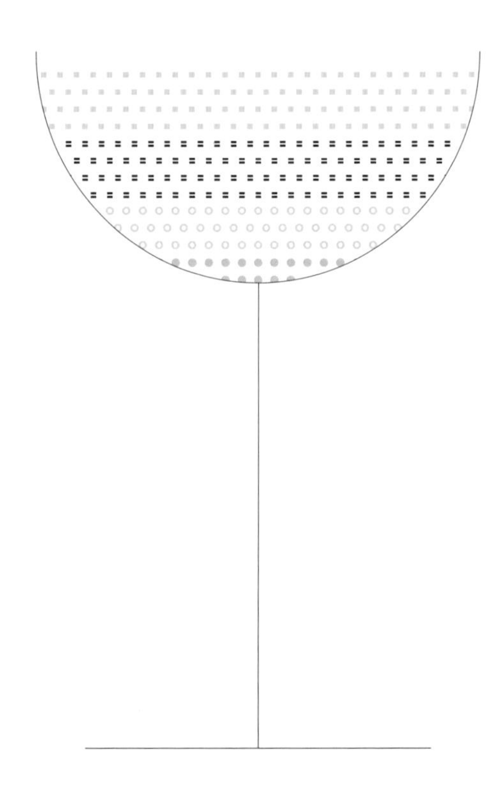

有一晚我在 Dutch Kills 酒吧当班，萨沙过来喝一杯皮斯科酸酒（见 118 页）。我趁机让他尝了一杯我在尝试的酒。出乎我的意料，他认为这是我创作的鸡尾酒里最好的一杯。“如果你不知道原理也没关系。”萨沙对我说。根据 Dutch Kills 公寓里游荡鬼魂的故事，我给它起名“黛比，不要”。*

——扎卡里·格尔瑙-鲁宾

30 毫升过桶特其拉

30 毫升雅凡纳苦味酒

22 毫升柠檬汁

15 毫升枫糖

将特其拉、苦味酒、柠檬汁和枫糖加入摇壶，放入冰块，用力摇荡至饮料充分冷却。滤入冰冻的碟形杯。

* Dutch Kills 是酒吧名也是纽约地名。同名公寓是一个著名的鬼故事的发生地。

铂金弗雷斯卡

Fresca Platino

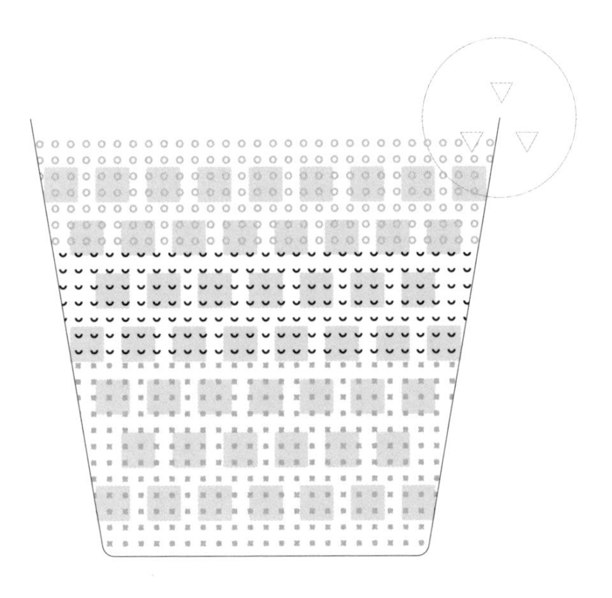

2014年，萨沙来到我们在达拉斯的酒吧 Midnight Rambler，和我们一起在实验室工作了一天，试图解决几个困扰他很久的问题。其中一个问题是我们试图找到酸和糖的完美比例。萨沙对常见的30毫升青柠汁和22毫升简单糖浆的比例有疑问，他认为这个比例现在已经不对了，亟待改进。最后的比例并没有确定下来，但这件事显示了他对细节的关注。萨沙永远在尝试改善现有的东西，永不停歇，这正是他的鸡尾酒如此优秀的原因。

—— 查得·所罗门和克里斯蒂·蒲柏（Christy Pope）

3~4 片黄瓜
2 个薄荷芽
22 毫升青柠汁
22 毫升盐水（见 10 页）
60 毫升白色特其拉，推荐塔巴蒂奥（Tapatio）

保留一片用作装饰的黄瓜，将其余黄瓜和薄荷芽加入摇壶。加入青柠汁和盐水，轻轻捣压，然后加入特其拉和冰块，用力摇荡至饮料充分冷却。滤入装好冰块的洛克杯，用黄瓜装饰。

加布莉艾拉

Gabriella

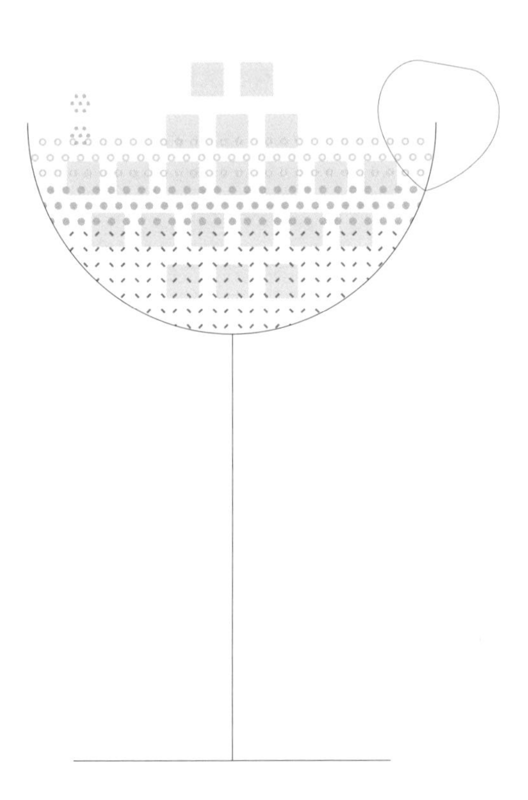

为海鲂鱼与牡蛎餐厅创作春夏酒单时，我想要用皮斯科酒和草莓做一杯酒。萨沙认为它应该有偏浓郁的口感，他让我试了很多次，最后我们决定用草莓来补充柠檬汁的酸度。我们决定模仿哥顿之杯（见 100 页），用碟形杯装满碎冰，撒一点点盐在上面。它很容易做，也很受客人喜爱。

萨沙教导我说，有两种命名鸡尾酒的方式：要么按照它的“父辈”来命名，比如海明威大吉利；或者取有故事的名字。我选了后一种方式，将其命名为加布莉艾拉，那是皮斯科酒产地秘鲁的第一位环球小姐的名字。*

——本·朗（Ben Long）

1 颗草莓，切成两半

22 毫升柠檬汁

22 毫升简单糖浆（见 7 页）

60 毫升皮斯科酒

1 小撮盐

将半颗草莓和柠檬汁加入摇壶，轻轻捣压。加入糖浆、皮斯科酒和一大块冰，用力摇荡至饮料充分冷却。滤入碟形杯，加满碎冰堆成山的形状。用另外半颗草莓和盐装饰。

* Ada Gabriella，1952 年代表秘鲁参加环球小姐选拔，是秘鲁第一次参加这项评选。

生姜鸡尾酒

Ginger Cocktail

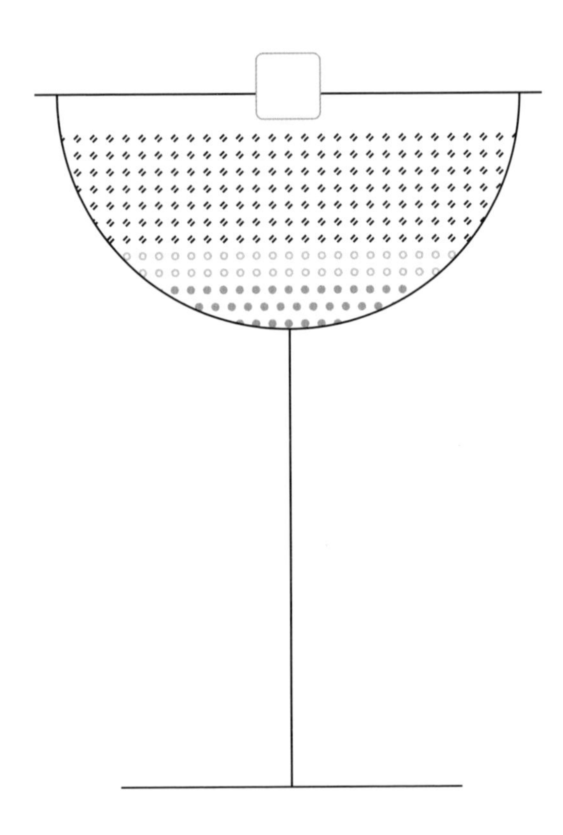

我不记得第一次遇见萨沙具体是什么时候，那时候我可能只有 8 岁，说不定还不到 8 岁。但我记得有一次他和 Milk & Honey 大家庭的多数成员来家里吃饭。我喜欢在 Milk & Honey 工作，虽然我只能做门童和吧员，但能成为这个大家庭的一员让我很开心。

——卡罗琳·吉尔（Carolyn Gil）

60 毫升金酒

15 毫升青柠汁

22 毫升生姜糖浆（见 8 页）

1 片糖姜作装饰

将金酒、青柠汁和生姜糖浆加入摇壶，放入一大块冰，用力摇荡至饮料充分冷却。滤入冰冻的碟形杯，用糖姜装饰。

淘金热

The Gold Rush

淘金热是萨沙朋友 T.J. 西戈（T.J.Siegal）的作品。T.J. 把他半生攒下来的大部分钱都拿来帮萨沙开了 Milk & Honey。他在服务行业多年累积的知识、经验都通过萨沙传授给了我和我的同事们。淘金热是 Milk & Honey 鸡尾酒的基础案例：3 种材料，完美平衡，简洁有序。

——理查德·博卡托

22 毫升柠檬汁
22 毫升蜂蜜糖浆（见 8 页）
60 毫升波本威士忌

将柠檬汁、蜂蜜糖浆和波本威士忌加入装好冰块的摇壶，用力摇荡至材料充分冷却。向冰冻的大古典杯里放入一大块冰，将酒滤入酒杯。

哥顿早餐鸡尾酒

Gordon's Breakfast

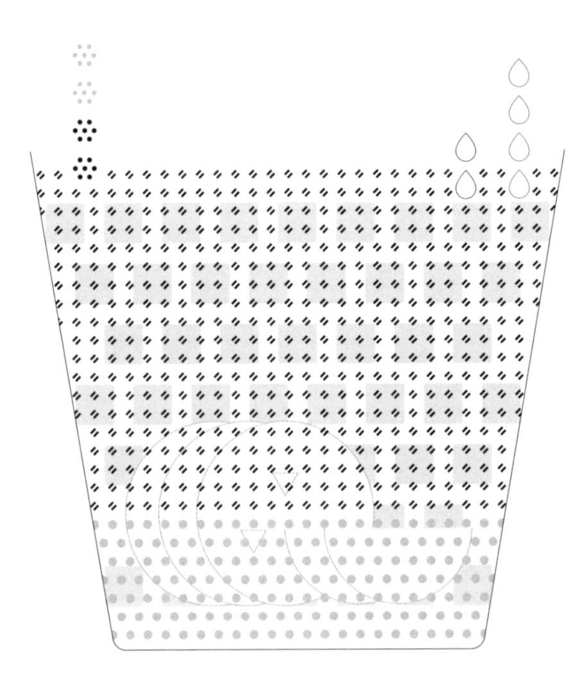

我们从没告诉过萨沙他对我们有多重要（即使现在他去世了，也还是很重要），但我确定他知道这一点。他把我带入了这个美妙的大家庭，让我拥有了萨姆叔叔、迈克尔叔叔、理查德叔叔和其他人。我怎么感谢他都不过分，所有我学到的知识和拥有的回忆都与他有关。这杯酒是萨沙代表作之一哥顿之杯（见 100 页）的变种，是一款完美的早午餐饮料。

——卡罗琳·吉尔

60 毫升伦敦干金酒

6 个青柠角

22 毫升简单糖浆（见 7 页）

3 片黄瓜

4 滴娇露辣酱

2 滴伍斯特郡酱

1 小撮盐

1 小撮现磨黑胡椒

将所有材料加入鸡尾酒摇壶，加入一杯碎冰，用力摇荡直到饮料充分冷却。倒入冰冻的洛克杯，最后撒上一小撮盐和胡椒。

哥顿之杯

Gordon's Cup

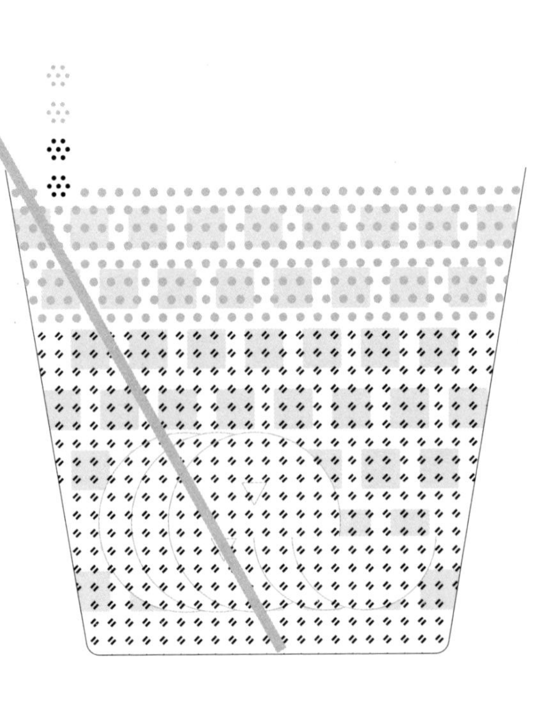

众所周知，萨沙一直在复兴失落的鸡尾酒文化。萨沙的初衷是用现在最好的材料把传统鸡尾酒配方重新引入现实。没有这种过去和现在的碰撞，这个鸡尾酒创作的盛世不可能到来。哥顿之杯是萨沙本人的作品，无论作为早晨起床的唤醒酒、宿醉后的补救，还是睡前饮料都很理想。只需要黄瓜、青柠、黑胡椒和盐就足够了。

—— **露辛达·斯特林**

1 个青柠，切成 8 个青柠角

3~4 片黄瓜

22 毫升简单糖浆（见 7 页）

60 毫升金酒

1 小撮盐

1 小撮现磨黑胡椒

向摇壶中加入青柠角、黄瓜、简单糖浆和金酒，轻轻捣压青柠角和黄瓜，注意不要过度破坏两者。加入冰块，猛摇五六下。打开摇壶，来回晃几下，将部分青柠角和黄瓜取出，放入冰冻的洛克杯，然后将摇壶中的酒和冰块倒入酒杯（捣过的青柠和黄瓜需要在杯底，如果不在的话有必要推到底部）。放一根吸管，撒上盐和胡椒。

丰收酸酒

Harvest Sour

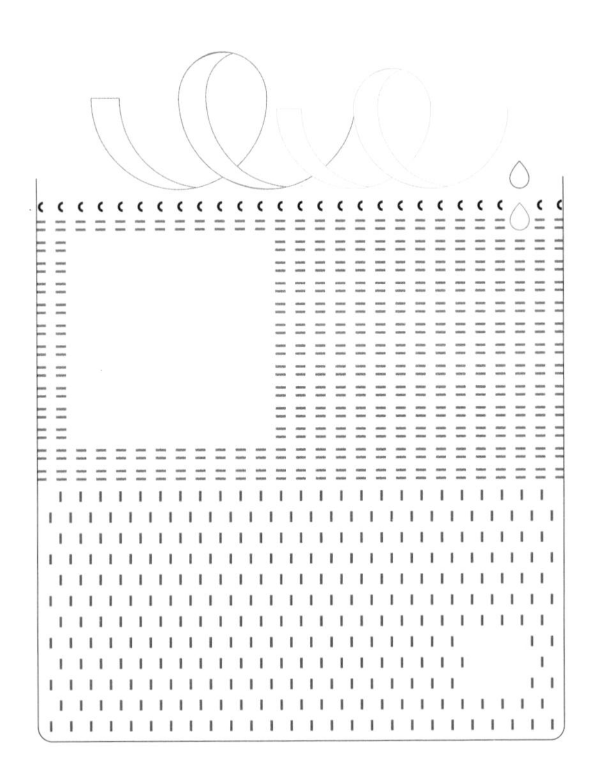

有一次萨沙来到店里，点了一杯丰收古典，一杯在佩特拉斯克酒吧很流行的酒。这是我第一次知道这款鸡尾酒，随即我得到了它的做法：它是用丰收酸酒的烈酒基底改编的古典鸡尾酒。

这杯酒说明，不需要刻意追求跨越性的革新，而是要持续不断地保持创意，逐渐改进。如果鸡尾酒是一个人，萨沙的系统就是其中的骨骼：不同类型鸡尾酒的材料比例是确定的，但材料本身可以随意变化。一旦了解这一点，你马上就会有很多新的作品灵感。

——亚伯拉罕·霍金斯

1 块方糖

1 滴安高天娜苦精

1 滴贝乔苦精

1 滴苏打水

30 毫升莱尔德苹果白兰地

30 毫升黑麦威士忌

柠檬皮作装饰

橙皮作装饰

向古典杯的杯底放入一块方糖，将方糖用两种苦精浸湿。倒入苏打水，捣压直到方糖成为糊状。加入白兰地和威士忌。加入一块和 180 毫升的爱尔兰咖啡杯杯底尺寸差不多的冰（冰块不要超过杯子的高度）。慢慢地搅拌 9 次左右以略微降低酒的温度。用柠檬皮和橙皮装饰。

杯底有洞

Hole in the Cup

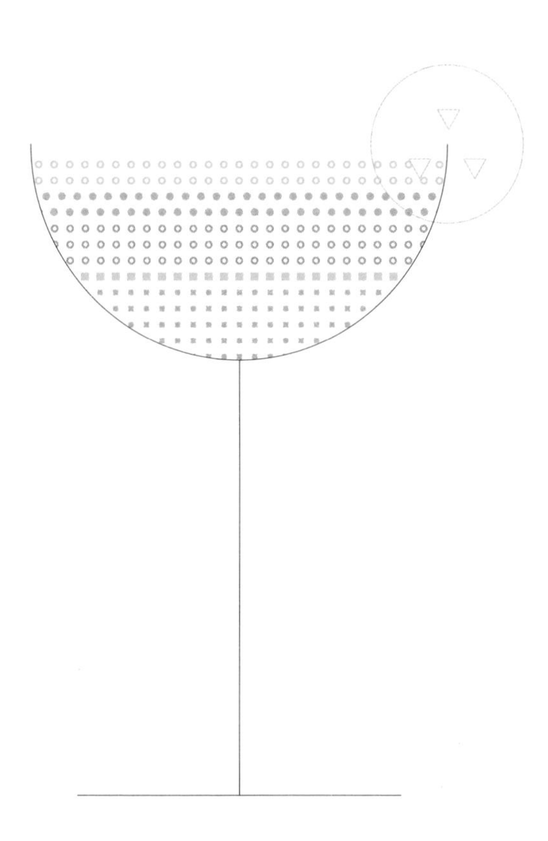

有一次我路过服务台，听到萨沙在指导一位员工，告诉他有一杯酒表面有一点点“残渣”。我从没听到过有人在日常生活中而不是在书面语中使用“残渣”这个词。这说法很好玩，有时候我会用这个说法提醒自己不要有“残渣”，尤其是在做萨沙的哥顿之杯（见 100 页）时（因为捣压过青柠和黄瓜，很容易会有碎肉）。后来我试着做哥顿之杯的苦艾酒改编，想到了这个显得有点滑稽的名字——它太受人喜欢了，就像杯底是漏的，很快酒就不见了。

——劳伦·麦克劳克林

15 毫升青柠汁
22 毫升简单糖浆（见 7 页）
30 毫升鲜榨菠萝汁
7.5 毫升苦艾酒
45 毫升白色特其拉
3 片黄瓜

将青柠汁、糖浆、菠萝汁、苦艾酒、特其拉和两片黄瓜加入摇壶。加入 12 块冰块，用力摇荡至饮料充分冷却。滤入冰冻的碟形杯，注意拿高一点倒以冲击出一层好看的泡沫。用最后一片黄瓜装饰。

JFK哈里斯

JFK Harris

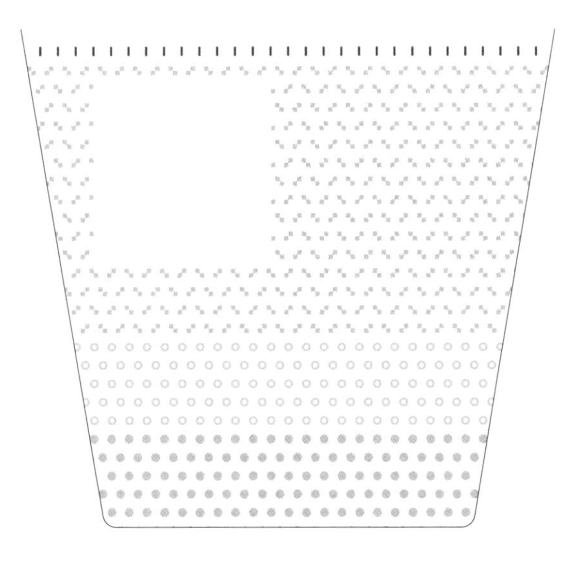

萨沙曾经提到，他希望有一天他的某位调酒师可以发明“下一款莫吉托”，这是他一直追寻的“圣杯”。我觉得萨姆·罗斯的盘尼西林（见 116 页）很接近莫吉托的地位了，不过我也有一些不错的作品。其中一款是早期我在 Dutch Kills 酒吧的作品。

这款酒很适合用来将一瓶就已经打开一天、开始氧化的红葡萄酒消耗掉。只要直接倒些红酒在做好的酒上面，你就有了一杯清爽的夏日饮料。我用我的好朋友、一位不出名的诗人 J.F.K. 哈里斯（J.F.K.Harris）的名字为其命名。他曾经把薄荷柠檬汽水和红葡萄酒搭在一起搭配自己的早午餐（也是他说服了我去 Little Branch 酒吧工作）。

——扎卡里·格尔瑙－鲁宾

60 毫升白朗姆
22 毫升柠檬汁
22 毫升简单糖浆（见 7 页）
10~12 片薄荷叶
少量红葡萄酒

将白朗姆、柠檬汁、糖浆和薄荷叶在摇壶中混合，加入冰块，用力摇荡至饮料充分冷却。滤入放好一大块冰块的大洛克杯。慢慢倒入少量红葡萄酒，使其漂浮在表面。

肯塔基姑娘

Kentucky Maid

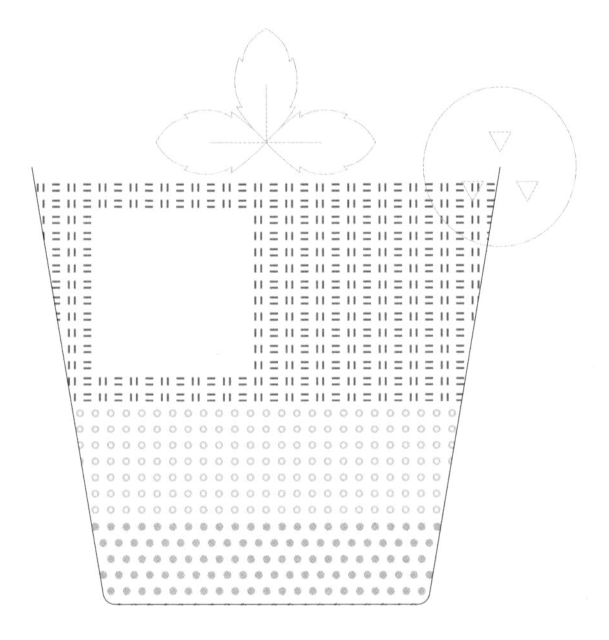

“姑娘系列”鸡尾酒最初是为兰尼特·马雷罗（Lynette Marrero）创作的。当时她在萨沙的第一家纽约分店 East Side Company 上班。最初使用了金酒，我们起名叫奥尔老太婆（Ol' Biddy），萨沙不同意这个名字，所以我们改成了伦敦姑娘（London Maid）。它可以使用不同的基酒，然后根据不同基酒的产地改变名字的前半部分。在这杯酒里对应的是波本威士忌。

—— 萨姆·罗斯

60 毫升波本威士忌
30 毫升青柠汁
22 毫升简单糖浆（见 7 页）
8 片新鲜薄荷叶
1 个薄荷芽作装饰
3 片黄瓜

将波本威士忌、青柠汁、糖浆、薄荷叶和两片黄瓜加入冰冻的摇壶。加入冰块，用力摇荡至充分冷却。滤入冰冻的洛克杯，饰以薄荷芽和最后一片黄瓜。

拉美药剂

The Medicina Latina

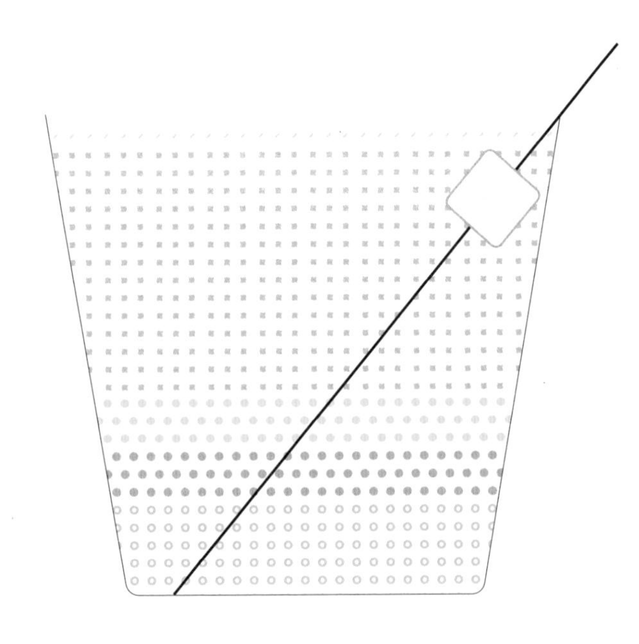

我和萨沙的多数相处时间都是在他来洛杉矶 Varnish 项目检查我们的技术和传统鸡尾酒时。这杯酒正是他教给我的其中一款，它是萨姆盘尼西林（见 116 页）的改编，特别依赖 Milk & Honey 的蜂蜜糖浆和风味强劲的生姜糖浆。它是摇制而成的，装在大的洛克杯里，关键是最上方漂浮了一层梅斯卡尔，在饮用之前就可以闻到烟熏的气味。

—— 马科斯·特略（Marcos Tello）

60 毫升白色特其拉

11 毫升蜂蜜糖浆（见 8 页）

11 毫升生姜糖浆（见 8 页）

22 毫升青柠汁

1 片糖姜作装饰

1 吧勺梅斯卡尔

将特其拉、蜂蜜糖浆、生姜糖浆和青柠汁加入冰冻的鸡尾酒摇壶，用力摇荡至充分冷却。滤入加入一大块冰的洛克杯，用糖姜装饰。小心地倒入梅斯卡尔，使其漂浮在表面。

瓦哈卡的夜

Oaxacanite

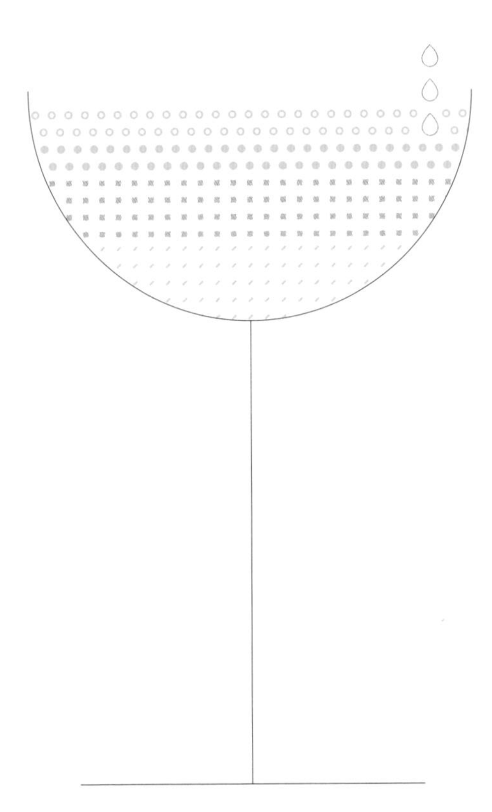

在萨沙担任顾问的海鲂鱼与牡蛎餐厅工作了一些年后，我开始能够比较自如地用萨沙的方式创作鸡尾酒。当时我在为春夏酒单尝试一款使用梅斯卡尔的鸡尾酒，但萨沙说他不喜欢梅斯卡尔。他觉得梅斯卡尔的风味在酒里会太抢风头。想要放梅斯卡尔的话，我就得更加努力。最终的结果足够复杂和平衡，我给萨沙尝了一杯，他很喜欢，当场就同意将它放上酒单。瓦哈卡是墨西哥出产梅斯卡尔的州，这杯酒正是以此命名的。它是我最爱的作品。

——本·朗

22 毫升青柠汁

22 毫升蜂蜜糖浆（见 8 页）

30 毫升白色特其拉

30 毫升梅斯卡尔，建议使用德尔维达（Del Maguey Vida）

0.5 吧勺安高天娜苦精

5 厘米长的西柚皮

将青柠汁、蜂蜜糖浆、特其拉、梅斯卡尔、苦精和西柚皮加入摇壶，用力摇荡至充分冷却，滤入冰冻的碟形杯。

纸飞机

Paper Plane

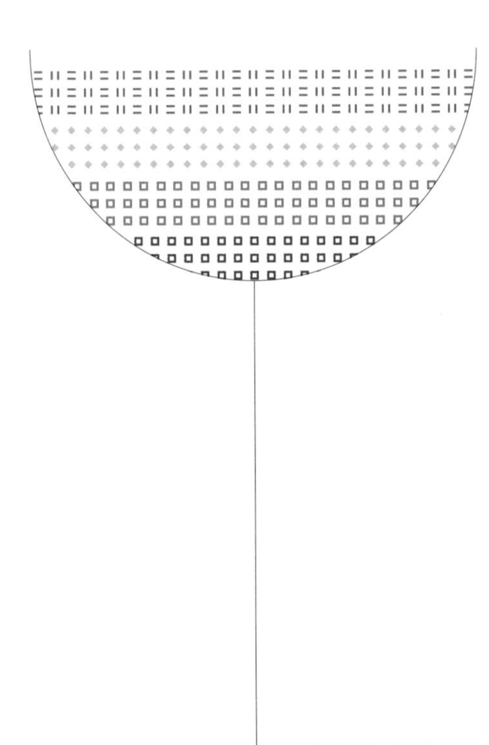

那个夏天我们一直单曲播放 M.I.A. 的同名歌曲。这首歌是萨沙隐秘的小乐趣，和我们在酒吧常放的 20 世纪 30 年代爵士乐完全不同。我们为 Milk & Honey 的另一位同事托比·马洛尼创作了它，当时托比在为他芝加哥的酒吧 Violet Hour 寻找一款夏日酒单鸡尾酒。纸飞机是四等分材料的杰作遗言（Last Word）的改编，使用了我最爱的苦味酒。修改它花了我们不少时间，不过最后还是搞定了。

——萨姆·罗斯

22 毫升波本威士忌

22 毫升卡莎萨

22 毫升阿佩罗

22 毫升诺妮苦味酒

将波本威士忌、卡莎萨、阿佩罗和苦味酒加入冰冻的摇壶，加入冰块，用力摇荡至充分冷却。滤入冰冻的碟形杯。

盘尼西林

The Penicillin

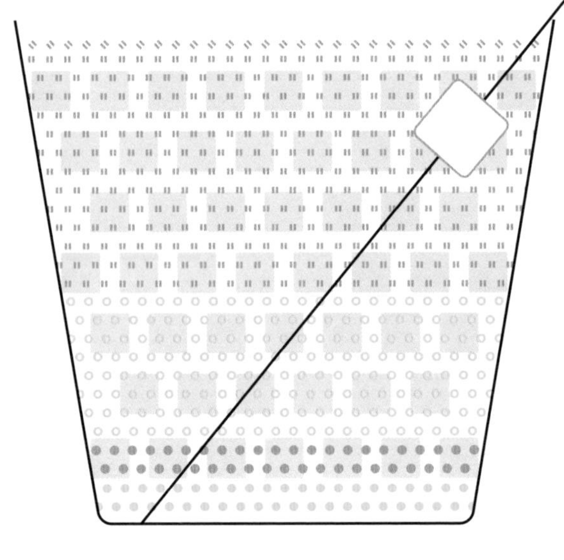

我们拿到了康沛勃克司（Compass Box）最新发布的一系列产品，于是我试着用它们做一款淘金热（见96页）的改编。我用苏格兰调和威士忌替换了波本威士忌，加了生姜糖浆来增加一些香料风味。我又拿一瓶烟熏味很重的艾雷岛威士忌加在上面，来增加一些香气。结果非常不错。

——萨姆·罗斯

60毫升苏格兰调和威士忌
22毫升柠檬汁
11毫升生姜糖浆（见8页）
11毫升蜂蜜糖浆（见8页）
少量艾雷岛威士忌
1片糖姜作装饰

将调和威士忌、柠檬汁、两种糖浆加入摇壶，加入冰块，用力摇荡至内容充分冷却。滤入放好冰块的冰冻洛克杯。将艾雷岛威士忌漂在表面，用糖姜装饰。

皮斯科酸酒

Pisco Sour

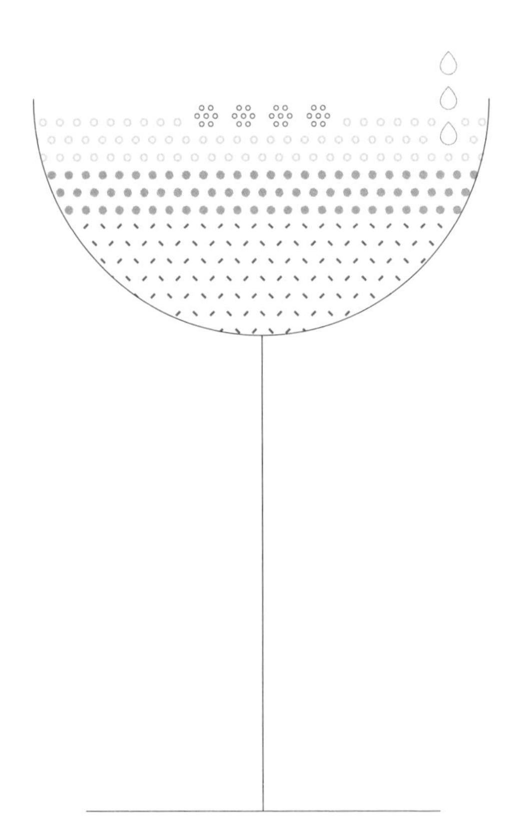

“鸡尾酒要趁还起泡的时候喝。”如果有一杯最能让我想起萨沙的鸡尾酒，那就是皮斯科酸酒了。23 号街的 Milk & Honey 刚刚开业的时候，他时不时会比较晚过来，一般在上半夜收档关门的这个班次，那时我就会结束工作为晚班做准备。但我会留下来看看接下来的状况，尽可能地观摩和学习萨沙在吧台后面的气度。他会先为所有的新老客人做一杯皮斯科酸酒，这是他独特的问候和致意。

—— 吉尔 · 布哈纳（Gil Bouhana）

22 毫升柠檬汁

22 毫升简单糖浆（见 7 页）

60 毫升皮斯科酒

1 个中等大小鸡蛋的蛋白

现磨肉桂粉作装饰

安高天娜苦精作装饰

将柠檬汁、糖浆、皮斯科酒和蛋白加入摇壶，用力摇荡至发泡。放入适量的冰块，再摇 15~20 秒。滤入冰冻的碟形杯。用苦精和肉桂粉装饰。

豪华巴西豆木鸡尾酒

Regal Amburana

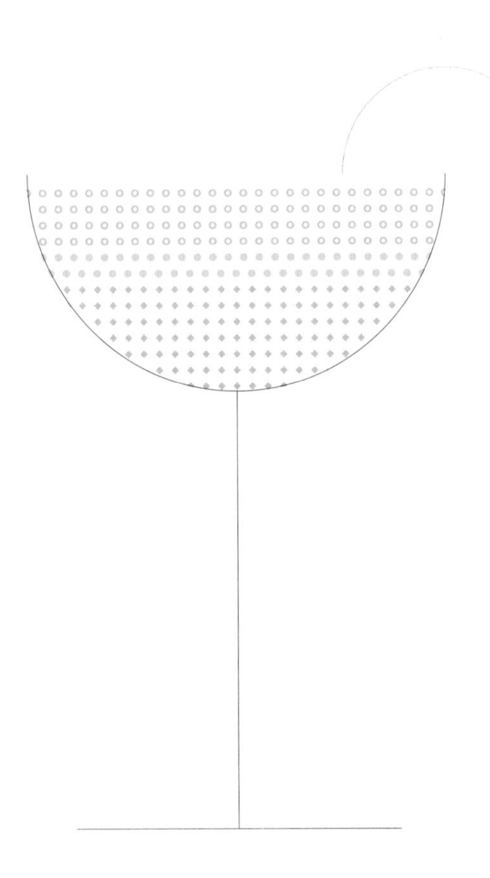

这款酒是萨沙和彼得·涅芬格洛斯基（Peter Nevenglosky）、内特·怀特豪斯（Nate Whitehouse）友谊的见证。这两位供职于卡莎萨品牌 Avua，常常来和萨沙一起喝酒。萨沙总是给他们喝调酒师之选。Milk & Honey 的员工都是大吉利的拥趸，所以就有了这款巴西豆木桶卡莎萨的改编。我加入了西柚皮，试图增加一点苦味，替代苦精。这种使用西柚皮摇荡的做法被称为“豪华”。我将它出品给客人们，然后萨沙走了过来：“好酒！”从那时起，它就成了店里的代表作之一。

—— 吉尔·布哈纳

26 毫升青柠汁
22 毫升蜂蜜糖浆（见 8 页）
60 毫升陈年卡莎萨，建议使用 Avua Amburana
5 厘米长的西柚皮
青柠角作装饰

将青柠汁、蜂蜜糖浆、卡莎萨和西柚皮加入摇壶。放入冰块，用力摇荡至饮料充分冷却。滤入碟形杯，用青柠角装饰。

蜂鸟绒毛黑麦版

Rye Hummingbird Down

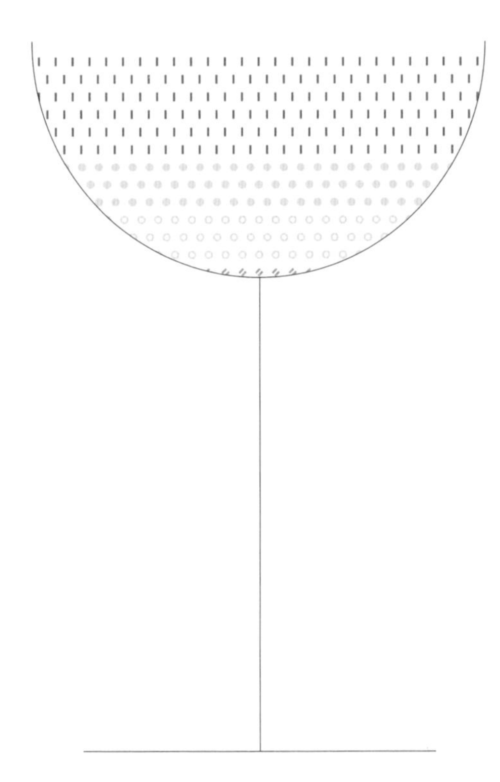

这要从萨沙创作的生意（见 74 页）说起。萨沙将蜜蜂膝盖（见 72 页）的柠檬汁换成了青柠汁，制作了生意。我的另一位老师查得·所罗门是萨沙的学生，他教了我蜂鸟绒毛金酒版。在此基础上，我使用黑麦威士忌修改出了这一版本。这是典型的“佩特拉斯克式改编法”，就是我们一直说的，灵感来自最细微处的改变。

—— 马科斯·特略

60 毫升黑麦威士忌

22 毫升蜂蜜糖浆（见 8 页）

22 毫升柠檬汁

1 吧勺查特绿香甜酒

将威士忌、蜂蜜糖浆、柠檬汁和香甜酒加入摇壶，放入一大块冰，用力摇荡至内容充分冷却。滤入冰冻的碟形杯。

萨拉迪托

Saladito

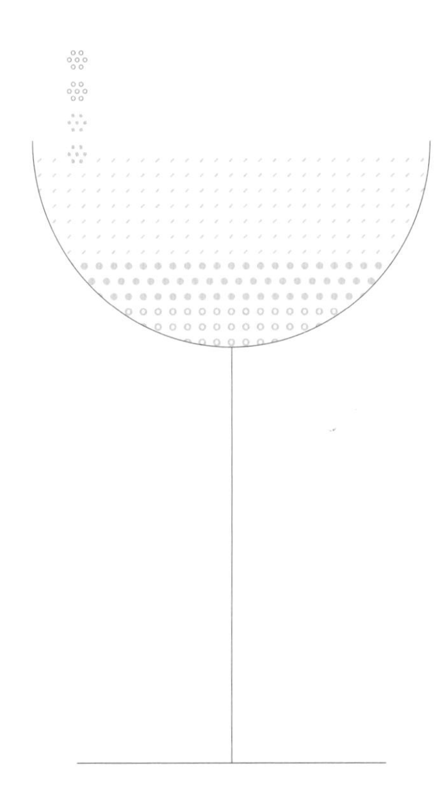

基本上是将生意（见 74 页）的基酒改用了梅斯卡尔，然后在顶上撒了一些辣椒粉和盐。需要用一块大方冰摇荡，保证滤出来的酒液表面要有一层泡沫。表面的泡沫是这杯酒口感的重要组成，同时泡沫能承托辣椒粉和盐。

—— 马科斯 · 特略

60 毫升埃斯帕丁梅斯卡尔

22 毫升蜂蜜糖浆（见 8 页）

22 毫升青柠汁

1 小撮红辣椒粉

1 小撮盐

将梅斯卡尔、蜂蜜糖浆和青柠汁加入摇壶，

放入一大块方冰，用力摇荡至饮料充分冷却。

滤入冰冻的碟形杯，用红辣椒粉和盐装饰。

水上飞机

The Seaplane

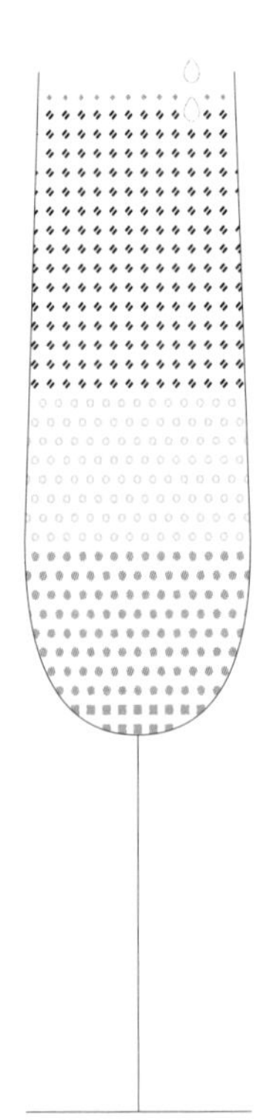

我问我自己：“如果萨沙是客人的话，我会为他做什么酒？”水上飞机改编自萨沙最爱的法兰西 75 毫米炮（见 152 页）。

——约瑟夫·施瓦茨（Joseph Schwartz）

30 毫升金酒

15 毫升柠檬汁

15 毫升简单糖浆（见 7 页）

2 滴橙味苦精

苦艾酒洗杯

香槟加满

将金酒、柠檬汁、糖浆和苦精加入装好冰块的摇壶，用力摇荡至饮料充分冷却。用苦艾酒给冰冻的香槟杯洗杯，将摇好的酒滤入。加满香槟。

施特雷特和弗林特饮

Street & Flynn Special

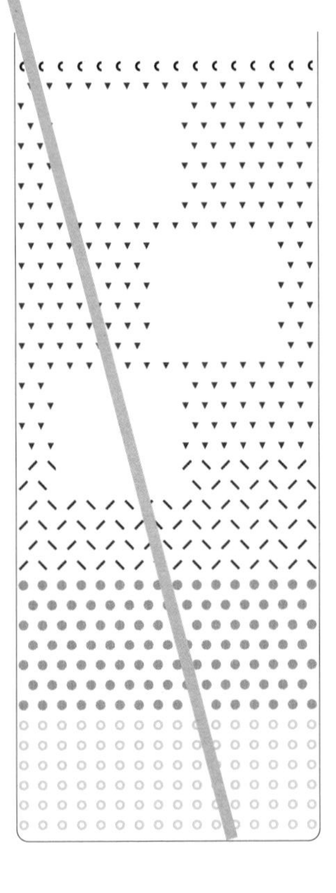

我和我的妻子去她家人居住的牙买加波特兰区旅行，在那里了解了一些当地的风土人情。伊恩·弗莱明和埃罗尔·弗林*都在这里住过。弗林纵情享乐的形象众所周知，而他在这里时常被人看到和当地一位牙买加医生、酒店主萨姆·施特雷特（Sam Street）一起喝酒。他们的生活方式太过知名，以至人们有时把波特兰区称作"施特雷特和弗林的乐土"。

像埃罗尔·弗林一样，萨沙的形象也一样与众不同。他的着装风格、他的怀旧情结、他骑着自行车在城里晃荡的习惯，这些都是萨沙的一部分。我第一次知道"施特雷特和弗林的乐土"的含义时，这种复古优雅的感觉和巨大的知名度马上让我想到萨沙。这杯酒使用了牙买加深色朗姆酒和牙买加当地常见的多香果利口酒。

—— 约瑟夫·施瓦茨

45 毫升深色朗姆酒，推荐 Coruba
15 毫升多香果利口酒
15 毫升生姜糖浆（见 8 页）
15 毫升青柠汁
苏打水加满

将朗姆酒、利口酒、生姜糖浆和青柠汁加入摇壶，用力摇荡直到充分冷却。滤入装有 3 块中等大小冰块的柯林杯，加满苏打水，配上吸管。

* 前者是美国作家，《007》系列小说的作者。后者是演员，多饰演探险片中浪漫勇敢的人物。

小糖豆

Sugarplum

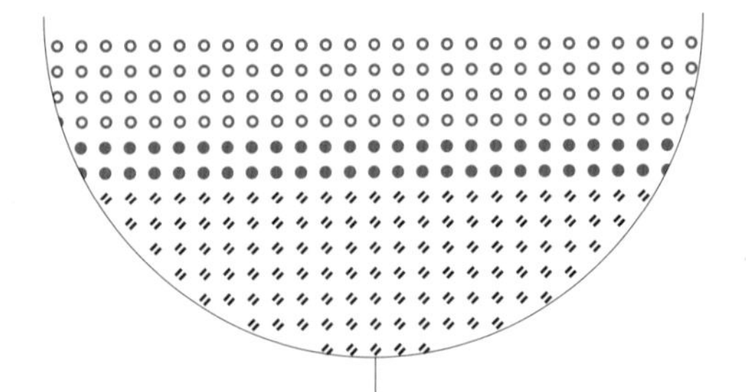

萨沙总是说，简单的鸡尾酒是一天最后的消遣。小糖豆是传统鸡尾酒、Milk & Honey 的早期作品眼罩（Blinker）的改编，保留了一贯的简洁优雅。萨沙的浪漫主义很有感染力，启发了我们在工作之外、日常生活的点滴中也成为更好的自己。

“小糖豆”是我妻子的奶奶为她起的昵称。当我以此命名这杯酒时，他认为这是一名绅士应有的浪漫举动。显然他是对的。我们确实以他为榜样，学习一些往昔的礼仪、举止和习俗。尽量满足客人的需求，发自内心地关怀，注重质量，这样才能营造出让所有人都感觉舒适安心、轻松随意的环境。萨沙已经证明了这一点。

也可以将配方中的金酒换成特其拉。

——约瑟夫·施瓦茨

30 毫升西柚汁

15 毫升石榴糖浆

60 毫升金酒

将西柚汁、糖浆和金酒加入鸡尾酒摇壶，放入冰块，用力摇荡至充分冷却。滤入冰冻的碟形杯。

萨特的磨坊

Sutter's Mill

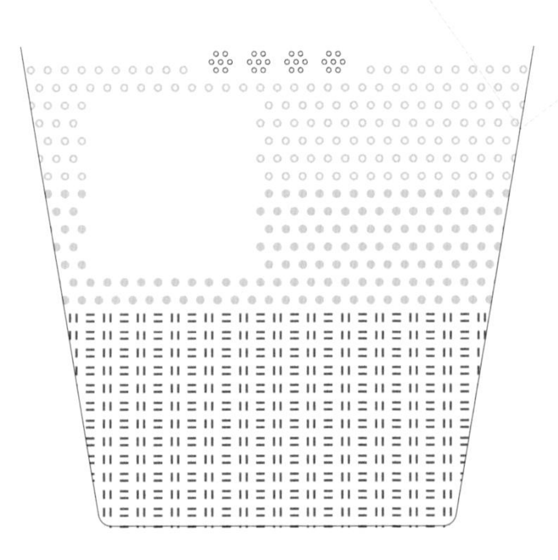

改编自我最爱的鸡尾酒淘金热（见 96 页），一杯非常简单直接的鸡尾酒，只用了柠檬汁、蜂蜜糖浆和波本威士忌 3 种材料。我个人很喜欢做皮斯科酸酒时表面撒肉桂粉增加香气的方式，于是我在波本威士忌版本的淘金热上试了一下，这杯酒就诞生了。当时我们还没起好名字，萨沙给一位研究美国历史的教授品尝。他听了这杯酒的来由，“萨特的磨坊”脱口而出，那是淘金热时期加利福尼亚州发现的第一个金矿的名字。

—— 吉尔 · 布哈纳

2 个菠萝角

22 毫升柠檬汁

22 毫升蜂蜜糖浆（见 8 页）

60 毫升波本威士忌

现磨肉桂粉作装饰

将一个菠萝角、柠檬汁、蜂蜜糖浆加入摇壶，摇荡至菠萝破碎。加入波本威士忌，放入冰块，用力摇荡至充分冷却。滤入有一大块方冰的大洛克杯。用另一块菠萝装饰，撒上肉桂粉。

特其拉东区

Tequila Eastside

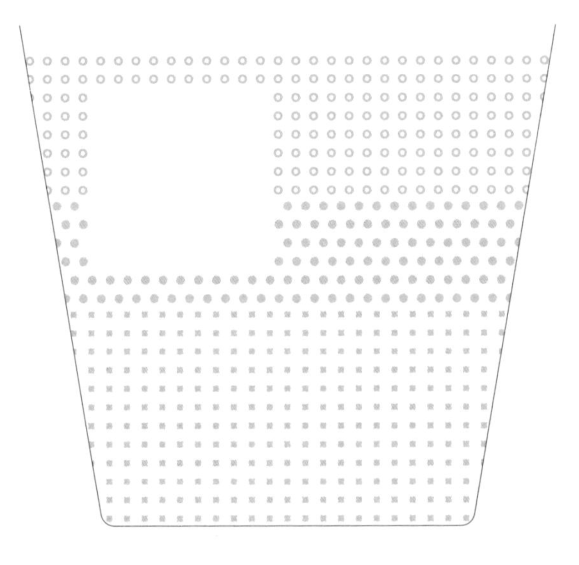

很久以前伏特加是最流行的烈酒，金酒还没什么地位。在Milk & Honey，东区是让人们开始喝金酒的重要作品，它是查得·所罗门的作品。查得在下东区的另一家酒吧 Libation 工作过。乔治·德尔加多（George Delgado）为 Libation 制作了酒单并培训了开业的第一批员工。查得喝到一款用糖、薄荷、青柠、苏打水和亨利爵士金酒制作的东区菲士。我们借鉴这个配方，用特其拉创作了它的 Milk & Honey 版本。按照萨沙的建议，我们把烈酒量从 60 毫升降到了 45 毫升。因为特其拉的风味比金酒更强烈。

—— 克里斯蒂·蒲柏

2~3 片黄瓜

1 把薄荷芽

30 毫升青柠汁

22 毫升简单糖浆（见 7 页）

45 毫升白色特其拉，推荐使用 El Jimador

将黄瓜和薄荷芽放进摇壶，加入青柠汁和糖浆，轻轻捣压。继续加入特其拉和一大块方冰，用力摇荡至饮料充分冷却。滤入放好一大块方冰的洛克杯。

斯塔克

The Stark

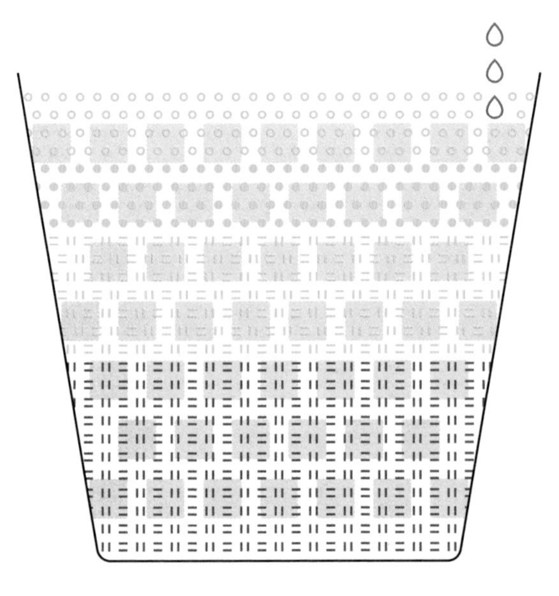

这杯酒让我回忆起我在 Milk & Honey 做吧员的日子。我那时候年纪还很轻，但有幸能在这家在纽约享有盛名的酒吧工作。斯塔克是杯简单的饮料，但关怀和爱使之变得不同。

——卡罗琳·吉尔

15 毫升柠檬汁
15 毫升蜂蜜糖浆（见 8 页）
22 毫升查特黄香甜酒
45 毫升肯塔基波本威士忌
安高天娜苦精

将柠檬汁、蜂蜜糖浆、香甜酒和波本威士忌加入摇壶，装入冰块，用力摇荡至饮料充分冷却。滤入洛克杯，加入碎冰，漂一层厚厚的苦精。

领带夹

The Tie Binder

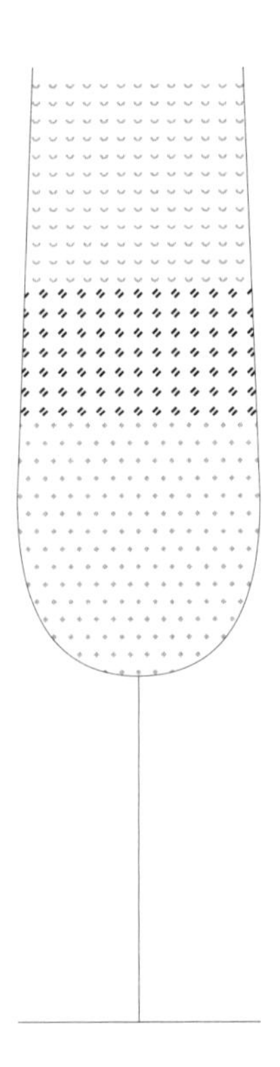

我和萨沙当时正度蜜月回来，乘坐的是贝尔蒙旗下威尼斯到辛普隆的东方快车。车上有白桃贝里尼（Bellinis）。回到纽约正是夏天，桃子上市的季节，我们在哈德逊的厨房里花了一些时间，学会了制作桃子果泥。这款酒改编自我们在火车上喝到的贝里尼，加了一点猴王 47 金酒——它是我们犒劳自己时喝的金酒。

——乔吉特·莫杰 – 佩特拉斯克

45 毫升白桃果泥（见 11 页）

30 毫升金酒，推荐猴王 47 金酒

60 毫升普罗塞克；奢侈一点的话使用香槟

将果泥和金酒加入香槟杯。慢慢加满普罗塞克，轻轻搅拌，使整杯酒变成粉色并产生泡沫。

早了点吧？

Too Soon?

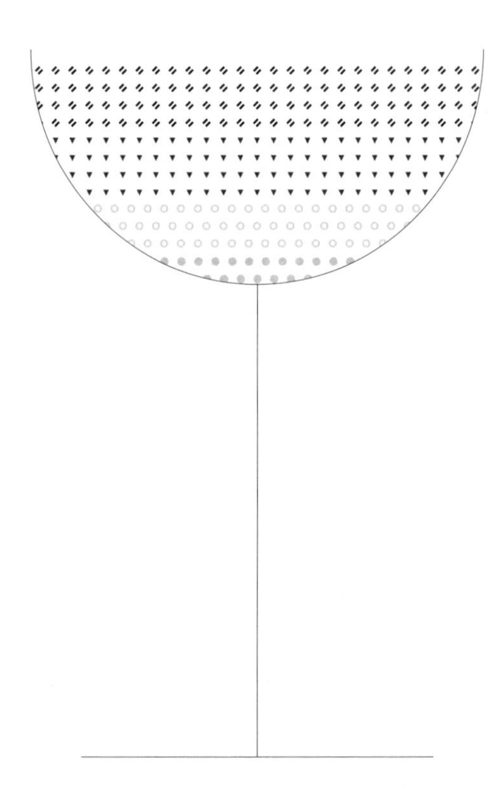

有一次，萨沙说他觉得西那的商标是他见过最美的。他甚至还用免费的酒请一位常客将这个商标喷在了墙上。直到现在你还能在墙砖上隐约看到。同时萨沙觉得西那的味道糟糕透顶，他常开玩笑说，地狱里的待遇就是你想要一杯冰水，却得到一杯西那。但他很喜欢这杯酒。正如名字所说，它是杯餐前的开胃酒，轻盈、明亮、微苦。

——萨姆·罗斯

30 毫升金酒

30 毫升西那

22 毫升柠檬汁

15 毫升简单糖浆（见 7 页）

2 片橙子

将金酒、西那、柠檬汁、糖浆和橙片加入摇壶，放入冰块，用力摇荡至充分冷却。滤入冰冻的碟形杯。

高速公路

Turnpike

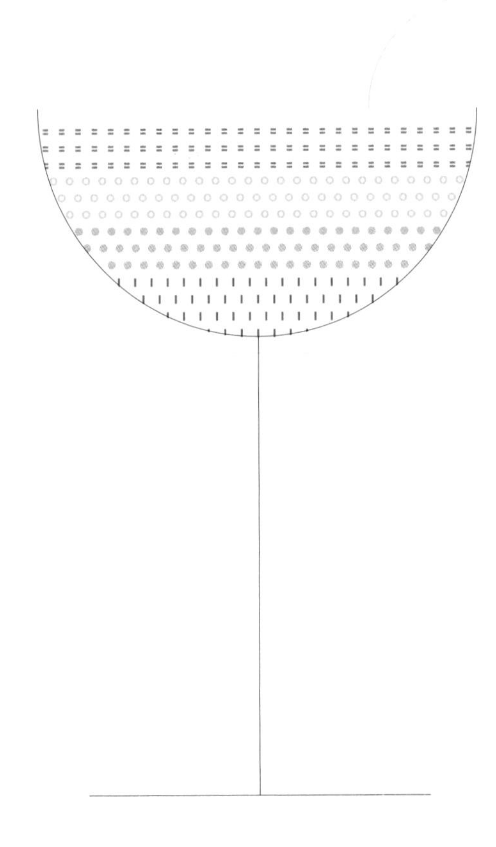

另一款 Milk & Honey 创建早期发明的酸酒。它是为了使用莱尔德美国苹果白兰地和黑麦威士忌创作的，名字指代连接莱尔德产地新泽西、莫农加希拉（Monongahela）黑麦威士忌产地宾夕法尼亚和纽约的高速公路。

——约瑟夫·施瓦茨

22 毫升美国苹果白兰地

22 毫升柠檬汁

22 毫升简单糖浆（见 7 页）

30 毫升黑麦威士忌，推荐使用莫农加希拉

柠檬角作装饰

将苹果白兰地、柠檬汁、糖浆和威士忌加入摇壶，放入冰块。用力摇荡至饮料充分冷却，然后将其滤入冰冻的碟形杯。用柠檬角装饰。

睡莲

Water Lily

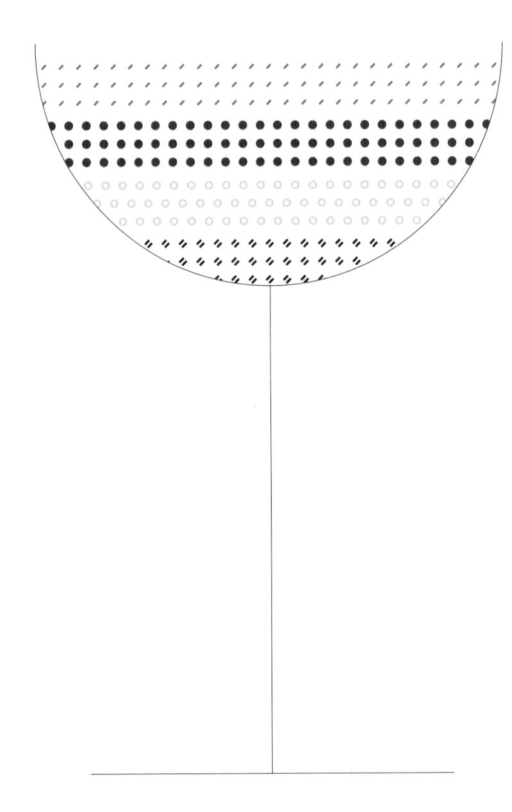

我记得 2007 年的一个夜晚，乔吉特优雅地坐在吧台边上，眼里闪着好奇的光芒。她没看到想喝的酒，于是请我做一杯有紫罗兰糖浆和金酒的鸡尾酒。乔吉特的味蕾和对鸡尾酒的理解赶得上佩特拉斯克大家庭里任何经验丰富的老调酒师，我按照她的要求修改了好几次比例。

起名字的时候，不知道怎么我们就提到了她的中间名 Lillian。“睡莲”（英文 Water Lily）既包含了这个名字，也能体现它清爽又轻盈的感觉。

—— 理查德 · 博卡托

22 毫升橙味利口酒，例如君度
22 毫升紫罗兰糖浆（见 7 页）
22 毫升柠檬汁
22 毫升金酒
柠檬皮

将橙味利口酒、紫罗兰糖浆、柠檬汁和金酒加入装好冰块的鸡尾酒摇壶。用力摇荡至内容充分冷却，将其滤入碟形杯。在杯子上方轻拧柠檬皮释放一些皮油，柠檬皮丢弃不要。

The Highball

海波

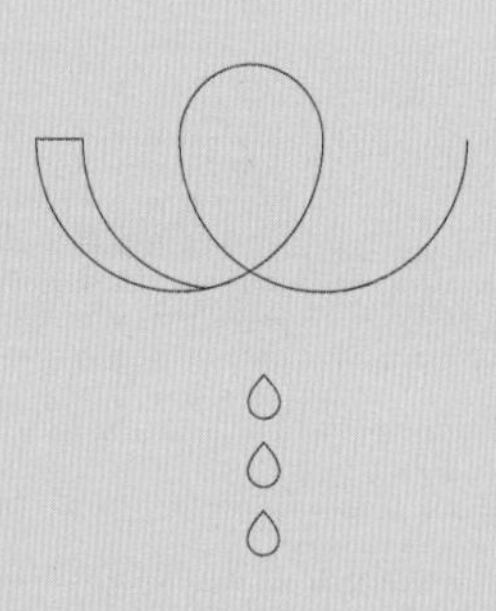

长饮，包括传统菲士

偷车贼

Bicycle Thief

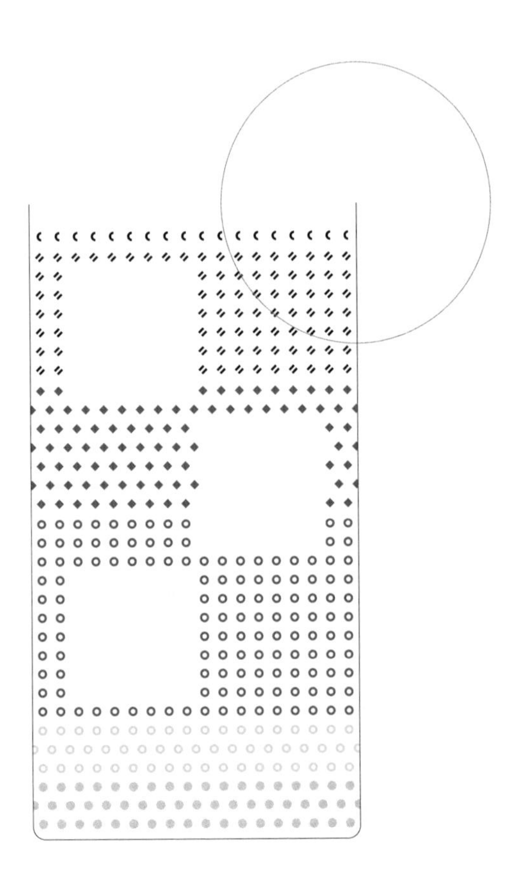

我加入 Little Branch 酒吧之后不久就见到了萨沙。关于他的一切都整洁有序，着装也是，从他的发型到翼尖皮鞋都是如此。有一次萨沙对我说："我可以提个关于着装的小建议吗？西装最下面的扣子不要扣。"于是我从萨沙那里学到了男士时尚的第一课——"有时，永远，从不"。*

且不说萨沙对鸡尾酒王国和着装领域做出的巨大贡献，萨沙最为人称道的应该是他得体的举止和风度。他不只在服务行业的工作中谨守礼仪，在日常生活中也是如此。

偷车贼是我和亚伯拉罕・霍金斯一起创作的，他是我在 Dutch Kills 酒吧工作时的同事。该酒得名于著名意大利电影《偷自行车的人》。它是对我自己的作品泰山（Tarzan）的改编，只是将其中的鲜榨菠萝汁换成了西柚汁。

——扎卡里・格尔瑙－鲁宾

30 毫升金酒

30 毫升金巴利

45 毫升西柚汁

15 毫升柠檬汁

15 毫升简单糖浆（见 7 页）

苏打水加满

橙片作装饰

在柯林杯中放好一块长条冰块或 3 块中等大小的冰块，将金酒、金巴利、西柚汁、柠檬汁和糖浆依次倒入杯中。加满苏打水，用橙片装饰。

* 指三粒扣西装第一粒纽扣有时扣有时不扣，第二粒纽扣永远扣着，第三粒从不扣上。

火箭瓶

Bottlerocket

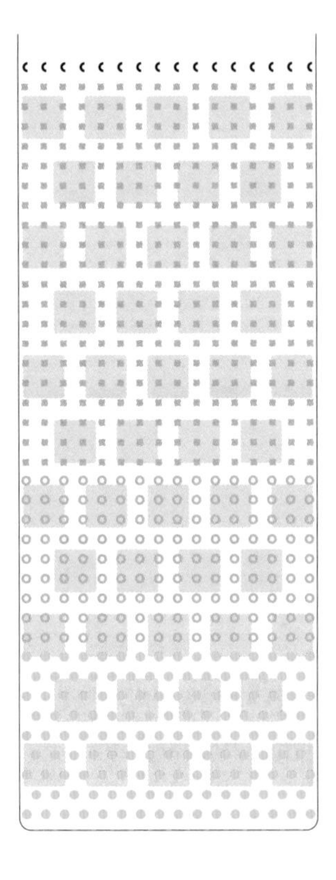

我一直在 Milk & Honey 工作，搬到 23 号街后我成了首席调酒师。我们拥有能找到的最好员工，这使得我的工作变得非常容易。

做这杯酒需要一直去尝，因为辣椒的辣度会不同，人们对辣的接受程度也不同。配方里的蜂蜜很容易发泡，所以摇出来会有一层漂亮的泡沫。它的颜色基本上和萨沙的另一杯酒生意（见 74 页）差不多，只是添加了苏打水显得略淡。

——西奥·利伯曼

60 毫升白色特其拉

22 毫升青柠汁

22 毫升蜂蜜糖浆（见 8 页）

5 毫米厚的辣椒圈

苏打水加满

将特其拉、青柠汁、蜂蜜糖浆和辣椒圈加入摇壶，放入冰块，用力摇荡至饮料充分冷却。滤入放好冰块的柯林杯，加满苏打水。

法兰西 75 毫米炮

French 75

萨沙最爱的鸡尾酒。它简洁，优雅，喜庆。在 Milk & Honey 我们使用干邑白兰地，《萨伏伊鸡尾酒会》中则要求使用金酒。不管是哪种，用哈里·克莱多克的话说："因其细腻而流行。"

—— 乔吉特·莫杰 – 佩特拉斯克

30 毫升干邑白兰地，如果客人要求的话也可以用金酒
15 毫升柠檬汁
15 毫升简单糖浆（见 7 页）
香槟或普罗塞克或卡瓦
柠檬皮作装饰

将干邑白兰地、柠檬汁和糖浆加入摇壶，加一小块冰用力摇荡。将酒滤入波士顿摇壶较小的那部分，直接加入香槟。将酒倒入冰冻的香槟杯或碟形香槟杯。用柠檬皮装饰。

金汤力

Gin & Tonic

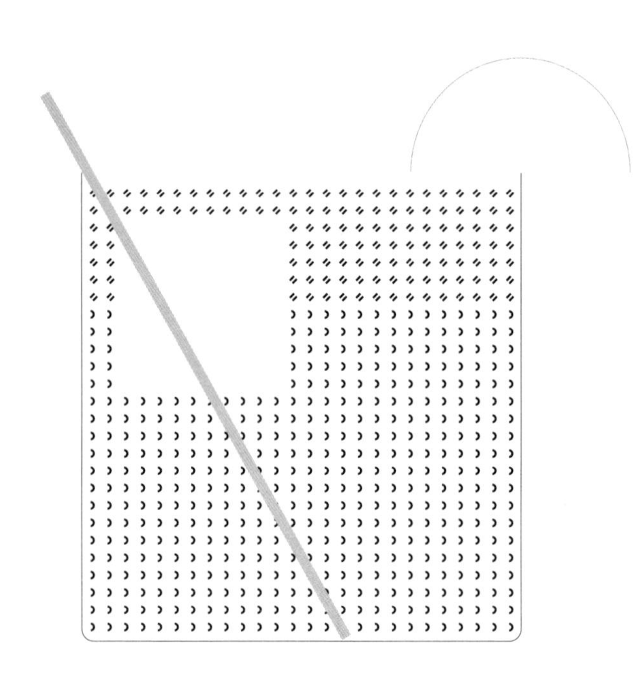

2004 年我加入了下东区这家叫作 Milk & Honey 的酒吧。那时我并不知道萨沙，但我感受到了他和他的团队不经意间呈现的标准和价值。

我在 Milk & Honey 工作了几年。我之前在演艺界工作，我女朋友是个演员，后来我们不得不离开纽约搬到洛杉矶。几个月以后萨沙来看我们，他想做杯金汤力，但是发现我们的青柠用完了。于是他突然走了出去，回来的时候用夹克衫兜着满满的柠檬果实。“我早上看到隔一条街的地方有棵柠檬树。”他说。

做好酒递给我之后，萨沙问我：“埃里克，你擅长列清单吗？”我回答说：“我有强迫症倾向，所以不得不一直列清单。”“那么，你应该搞得定开酒吧的事。”

—— 埃里克 · 阿尔佩林（Eric Alperin）

60 毫升金酒
180 毫升汤力水
青柠角作装饰

在大洛克杯里装入一大块方冰，倒入金酒，和一瓶汤力水一起出品（萨沙和我倾向使用芬味树牌）。还需要金属吸管和青柠角——最好是从离你家一条街远的地方摘下来的青柠，这让你的酒更加特别。用青柠角装饰。

西柚柯林斯

Grapefruit Collins

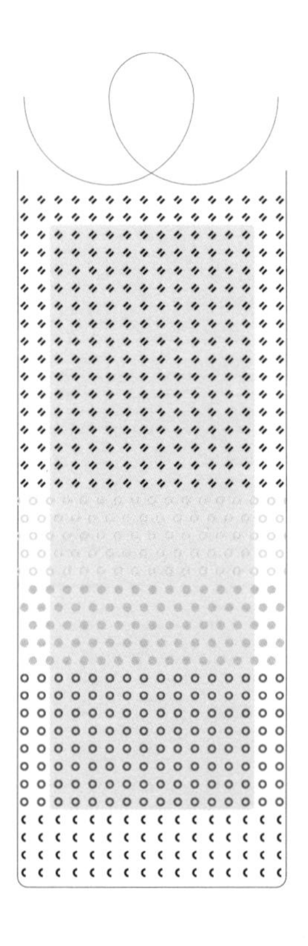

萨沙在Milk & Honey早期做的所有事情都很有启迪意义。我之前在夜店和餐厅工作了好几年，在那些地方，除了出品速度不在乎别的。那些酒吧基本上就是让客人在等座的时候喝酒，饮料量很大，酒精度很高。很多事情现在看起来是惯例，但其实是萨沙改变了整个游戏。使用新鲜果汁、好的冰块、瓶装苏打水，这些小改动影响深远。他调整了鸡尾酒中的一件小事，但这件小事会改变你对鸡尾酒的认知。

——托比·马洛尼

60 毫升金酒
22 毫升柠檬汁
22 毫升简单糖浆（见 7 页）
30 毫升鲜榨西柚汁
15 毫升苏打水
西柚皮作装饰

将金酒、柠檬汁、糖浆倒入摇壶，放入冰块，用力摇荡至饮料充分冷却。滤入放有一块长条冰的柯林杯，加入西柚汁和苏打水。用西柚皮装饰。

海斯菲士

Hayes Fizz

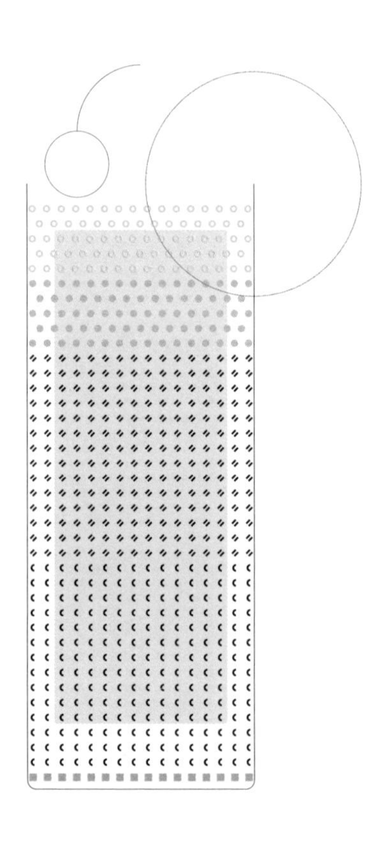

某种程度上，没有比海斯菲士更能代表 Milk & Honey 的鸡尾酒，也没有比它对我们影响更大的鸡尾酒。Milk & Honey 从创立起就有一批常客，他们常常会带礼物来酒吧，这其中就有里德·海斯（Reed Hayes）。当时苦艾酒在美国是被禁止的，所以客人会从国外带回来一些。里德喜欢在他的汤姆柯林斯里加一点苦艾酒，于是就有了海斯菲士。里德因此很高兴，他说："苦艾酒让人充满欢喜。"

——查得·所罗门和克里斯蒂·蒲柏

22 毫升柠檬汁
22 毫升简单糖浆（见 7 页）
60 毫升金酒
60 毫升苏打水
苦艾酒或潘诺洗杯
橙片作装饰
鸡尾酒樱桃作装饰

将柠檬汁、糖浆、金酒、苏打水加入摇壶，放入一大块方冰，用力摇荡至饮料充分冷却。向冰冻的、用苦艾酒洗过的柯林杯中放入长条冰块。将鸡尾酒滤入杯中，饰以橙片和樱桃。

KT柯林斯

KT Collins

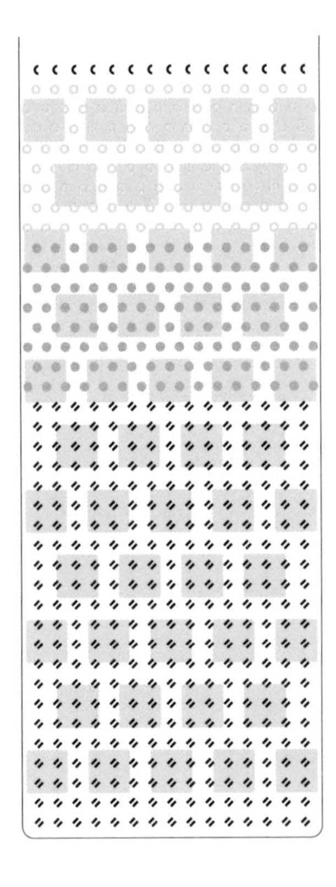

萨沙的其中一个顾问项目是海鲂鱼与牡蛎餐厅。他选择的回报是每周的生蚝、龙虾和鸡尾酒。我们常常坐在后庭不起眼的桌边，读着报纸，吃着东海岸生蚝，喝着 KT 柯林斯度过一个下午。KT 柯林斯得名于鸡尾酒行业我最喜爱的女性凯蒂·斯蒂普（Katie Stipe）。偶尔我们也会喝花朵柯林斯，和这款很相似，但是用茴香替代了芹菜，而且不加盐。

——乔吉特·莫杰－佩特拉斯克

2 段火柴棍长短的芹菜

22 毫升柠檬汁

22 毫升简单糖浆（见 7 页）

1 撮盐

60 毫升金酒

苏打水加满

在摇壶中捣压芹菜。放入冰块，加入柠檬汁、糖浆、盐和金酒，用力摇荡至充分冷却。滤入装好冰块的柯林杯。加满苏打水。

帕尔马菲士

Palma Fizz

萨沙为他儿时好友乔安妮·艾伦（Joanie Ellen）创作的鸡尾酒。它是 Milk & Honey 为数不多的用伏特加的鸡尾酒之一，也叫莫斯科骡子（Moscow Mule）或伏特加霸克（Vodka Buck），通常在最后添几滴玫瑰水。现在人们改用喷雾瓶喷玫瑰水雾，可以喷在空杯子里，也可以喷在最后完成的鸡尾酒上。

——理查德·博卡托

0.5 个青柠
60 毫升伏特加
120~180 毫升姜汁啤酒
少许玫瑰水

向柯林杯或莫斯科骡子的铜杯中挤 15 毫升青柠汁，并把青柠角放入杯中。放入冰块，加入伏特加和姜汁啤酒。滴几滴玫瑰水或在饮料上方喷玫瑰水喷雾。

罗斯柯林斯

Ross Collins

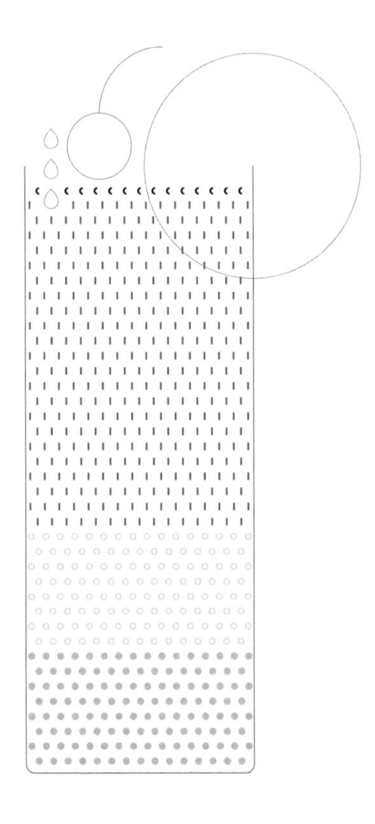

萨沙见过我家人之后对我说："我没法说你家人有什么不好，除了你哥哥托比，他太帅了。"罗斯柯林斯代表罗斯家这个从澳大利亚搬过来的鸡尾酒家庭。它是汤姆柯林斯的威士忌版本。橙子和安高天娜苦精提供了更好的酒体。

—— 萨姆·罗斯

60 毫升黑麦威士忌

22 毫升柠檬汁

22 毫升简单糖浆（见 7 页）

3 片橙子

3 滴安高天娜苦精

苏打水加满

鸡尾酒樱桃作装饰

将威士忌、柠檬汁、糖浆、两片橙子和苦精加入摇壶，放入冰块，用力摇荡至饮料充分冷却。滤入柯林杯，加满苏打水，用最后一片橙子和樱桃装饰。

银狐

Silver Fox

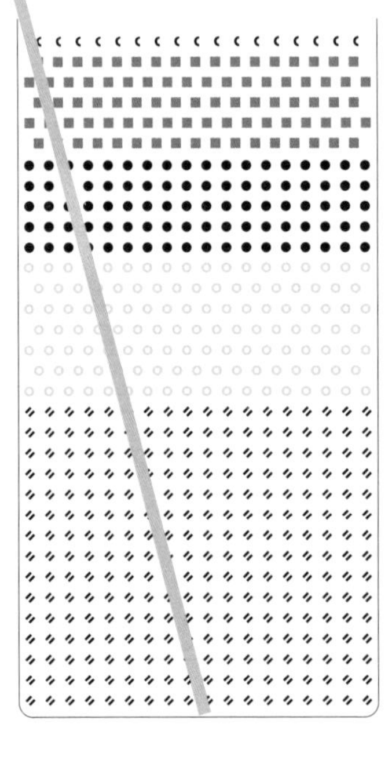

谈到传统和自创鸡尾酒，萨沙总是提醒我说，传统配方已经完全足够了，一个调酒师在尝试变出新的、有趣的鸡尾酒前，将传统鸡尾酒学好会事半功倍。毕竟如果了解一些传统和历史，就不会总去尝试重新发明轮子了。这杯银狐基本上还是银菲士，只是用扁桃仁糖浆替代了简单糖浆。显然它的名字也是由此而来。*

—— 理查德 · 博卡托

1 个中等大小鸡蛋的蛋白

15 毫升扁桃仁糖浆（见 9 页）

22 毫升柠檬汁

45 毫升金酒

15 毫升杏仁利口酒或 Faretti Biscotti 利口酒

苏打水加满

将蛋白、扁桃仁糖浆、柠檬汁和金酒加入鸡尾酒摇壶，用力摇荡，使所有材料混合产生乳化效果。放入一大块方冰，用力摇荡至内容充分冷却。滤入冰冻的 270 毫升海波杯，使利口酒漂浮在酒液表面，加满苏打水。配吸管饮用。

* 得名于成品的表面有一层厚厚的白色泡沫。

一线光明

Silver Lining

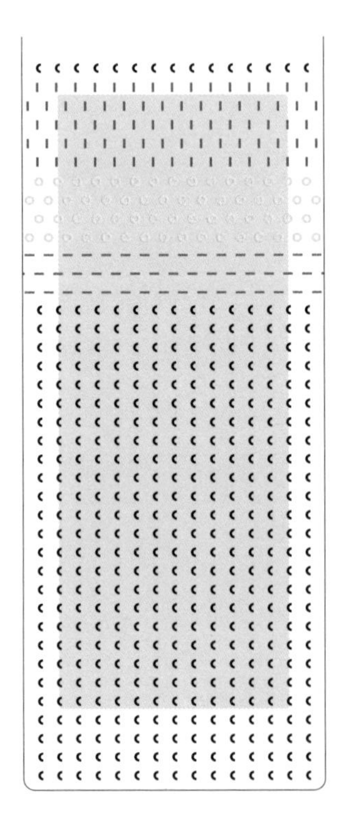

这是我 2001 年前后在 Milk & Honey 创作的作品。当时萨沙买了西班牙利口酒 43 金典，让我用它做点什么。那时候范温克 13 年的黑麦威士忌还很平价，我常用它做黑麦菲士和银黑麦菲士。这样就有了一线光明，黑麦威士忌和 43 金典的结合。它的名字来自一位常客。当时我们正在讨论它的名字，我提到有蛋白的菲士通常都用“银色”这个词。恰巧我们酒吧当时的歌单里有查特·贝克（Chet Baker）的歌。我不确定他的歌《寻找希望之光》（*Look for the Silver Lining*）是不是直接启发了酒的名字，但我倾向于这么认为。

——约瑟夫·施瓦茨

45 毫升黑麦威士忌

1 个中等大小鸡蛋的蛋白

22 毫升柠檬汁

22 毫升 43 金典或其他混合橙类水果利口酒

180 毫升苏打水

将威士忌、蛋白、柠檬汁和 43 金典加入摇壶，用力摇荡使材料乳化。放入一大块方冰，用力摇荡至内容充分冷却。把酒滤入装有长条冰块的柯林杯，加满苏打水，使泡沫上升到杯沿。稍等一小会儿，待泡沫降下来后继续加苏打水，使泡沫略超过杯沿。

特里特科林斯

Tritter Collins

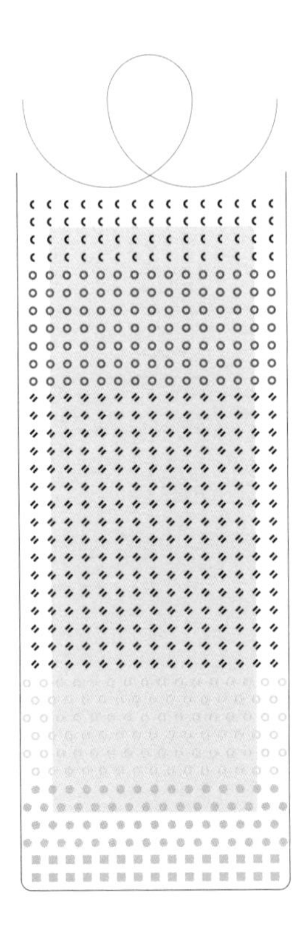

Milk & Honey 有一位常客特里特先生（Mr. Tritter），他来的话随时都有位子。萨沙觉得他是很好的客人，博学又健谈，而且富有探究精神。这样的人那时候并不多。特里特科林斯就是加了一滴苦艾酒的西柚柯林斯（见 156 页）。它诞生之后很快成为我夏天时经常做的酒。

——托比·马洛尼

60 毫升金酒
22 毫升柠檬汁
22 毫升简单糖浆（见 7 页）
7.5 毫升苦艾酒
30 毫升鲜榨西柚汁
15 毫升苏打水
西柚皮作装饰

将金酒、柠檬汁、糖浆和苦艾酒加入摇壶，放入冰块，用力摇荡至饮料充分冷却。将酒滤入装好长条冰块的柯林杯，加入西柚汁和苏打水。饰以西柚皮。

特里特里基

Tritter Rickey

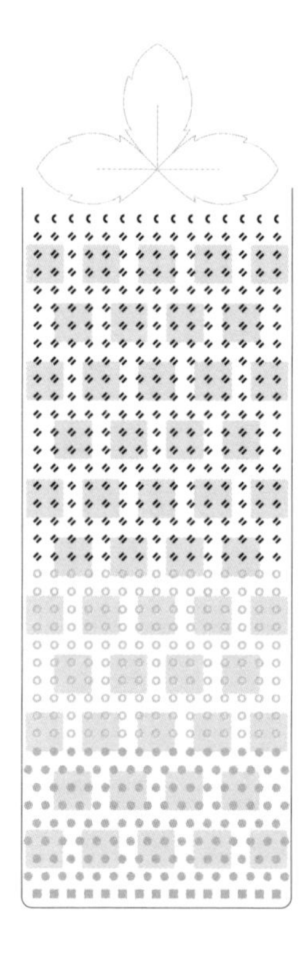

这款里基是为 Milk & Honey 的常客特里特先生创作的，基本上可以说是用苦艾酒洗杯的南方菲士（Southside Fizz），又称薄荷里基（Mint Rickey）。

——理查德·博卡托

60 毫升金酒
30 毫升青柠汁
22 毫升简单糖浆（见 7 页）
苦艾酒洗杯
苏打水加满
新鲜薄荷芽作装饰

将金酒、青柠汁、简单糖浆加入摇壶，放入冰块，用力摇荡至饮料充分冷却。取一个柯林杯，用苦艾酒洗杯并放入冰块。将饮料滤入杯中，加满苏打水，饰以薄荷芽。

The Fix

菲克斯

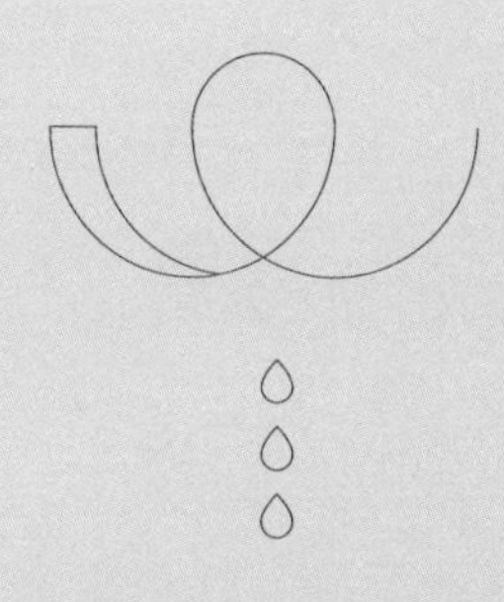

考比勒、碎冰鸡尾酒和新鲜水果鸡尾酒

阿斯伯里公园碎冰鸡尾酒

Asbury Park Swizzle

这款酒是女王公园碎冰鸡尾酒（见 186、188 页）的现代改编，为了向新泽西歌手布鲁斯·斯普林斯汀（Bruce Springsteen）致敬。布鲁斯出道的第一张专辑叫作《来自阿斯伯里公园的问候》（*Greetings from Asbury Park*）。基酒使用了新泽西本地烈酒公司莱尔德产的白色苹果白兰地泽西之光（Jersey Lighting）。相较女王公园碎冰鸡尾酒的配方，我们在几个地方做了些改动。

萨沙之所以是鸡尾酒重要的革新者，在于他对鸡尾酒调制过程中的变量事无巨细的研究——从材料的计量、温度、水量到冰块和气泡的大小。

—— 查得·所罗门和克里斯蒂·蒲柏

3 个薄荷芽
22 毫升柠檬汁
22 毫升蜂蜜糖浆（见 8 页）
7.5 毫升苹果利口酒，建议使用百人城
60 毫升白色苹果白兰地，建议使用莱尔德
2 撮盐
4~5 滴 A.P.P. 苦精（见 10 页）
1 滴自制橙味苦精

将两个薄荷芽、柠檬汁、蜂蜜糖浆和苹果利口酒加入摇壶，轻轻捣压。加入苹果白兰地和盐，轻轻旋转摇壶以混合。将酒倒入柯林杯，加碎冰到接近杯沿的位置。加入两种苦精，用调酒棒将几滴苦精搅散使其在碎冰上部铺一层红色。加入更多冰块堆成圆锥体，用最后一个薄荷芽装饰。

金和苦精

Bin & Gitters

萨沙第一次向我点金和苦精的时候，我以为我听错了。毕竟这名字多少有点滑稽。我问了身边的同事，但没有人知道那是什么。我有点紧张，难道我要向老板承认我不会做他要的酒吗？但很快我意识到萨沙他并不在意我会不会，他会很乐意教我做。

“它就是用碎冰做的琴蕾（Gimlet），上面漂一层苦精。”萨沙说。我马上明白它是用青柠汁做的，遵从酸和甜 4 ∶ 3 的比例。他并没有指明基酒和苦精的具体种类，意味着是使用金酒和安高天娜苦精。我将做好的酒放在了托盘上准备出品，想着萨沙的另一句教导：“给调酒师的酒不需要装饰。”

—— 卡琳 · 斯坦利

22 毫升简单糖浆（见 7 页）
30 毫升青柠汁
60 毫升金酒
1 滴安高天娜苦精
1 个青柠角作装饰

将糖浆、青柠汁和金酒加入摇壶，摇荡以混合。将摇好的酒倒进冰冻的大洛克杯。加碎冰到四分之三杯的位置，滴入苦精并搅拌使之铺成一层清晰的红色。加入更多碎冰，堆成锥形。配吸管饮用。青柠角作装饰，但给调酒师的不需要。

因纽特之吻

Inuit's Kiss

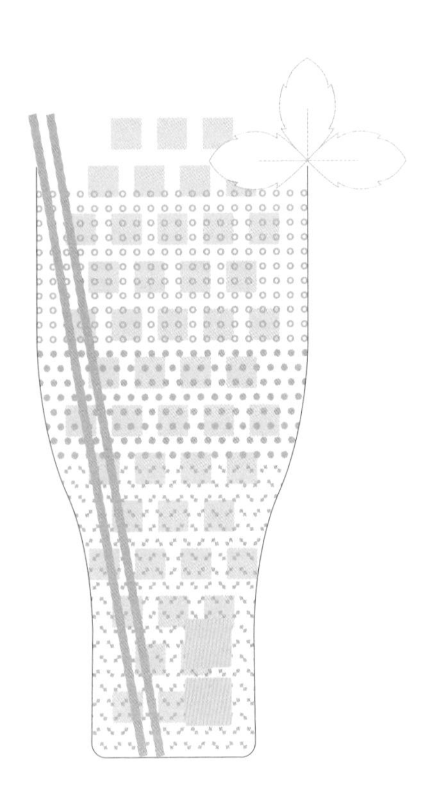

萨沙的首选可能是莫吉托（见 184 页），结果常常得到一杯因纽特之吻，也就是双份的大杯莫吉托，配两根吸管。不过我从没见过他和别人共饮。他会用一根吸管尝酒，把第二根吸管拿出来，然后把酒给街尾打印店的职员。他会用鸡尾酒换打印服务。

因纽特之吻和萨沙的莫吉托一样完美，简洁，尽可能地直接。它是萨沙如何诠释传统鸡尾酒的杰出案例，只用新鲜材料和碎冰，不加苏打水。杯里的薄荷会随着冰块的融化添加一些风味，而方糖会逐渐溶化，给因为化水而变薄的酒体提供一些厚度。

——亚伯拉罕·霍金斯

10~12 片新鲜薄荷叶，以及 1 个作为装饰的薄荷芽
2 块德麦拉拉方糖，或 1 大块方糖
60 毫升青柠汁
45 毫升简单糖浆（见 7 页）
120 毫升白朗姆

将薄荷叶和方糖放入摇壶，用青柠汁和糖浆浸湿方糖。轻轻捣压，最好的情况是将糖压成泥，但是不破坏薄荷叶。加入白朗姆，旋转摇壶以混合。将饮料倒入品脱杯，加满大块的碎冰。用薄荷芽装饰，插入两根吸管，和你想要鼻子碰鼻子近距离接触的人分享。*

* 因纽特之吻，指代碰鼻礼。

马洛尼公园碎冰鸡尾酒

Maloney Park Swizzle

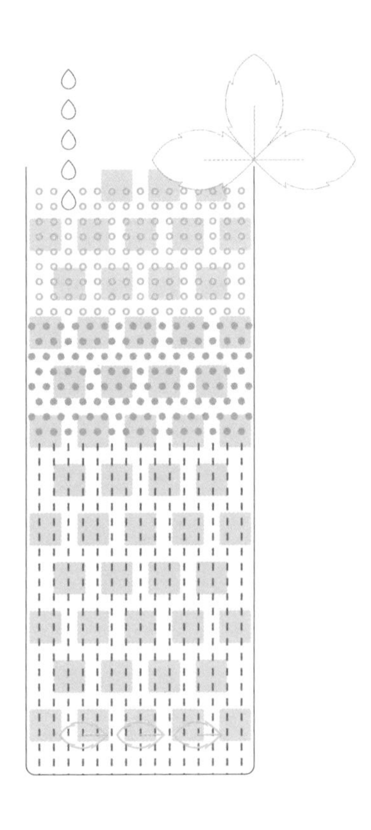

这款酒不是我自己起的名字，萨沙用我的名字命名了这杯酒。它是女王公园碎冰鸡尾酒（见 186、188 页）的改编。我曾经一度很喜欢将贝乔苦精漂浮在鸡尾酒上面，这样并不会改变酒体，但是能让酒显得更干。同时，它也远比原本的安高天娜苦精更精细漂亮。那段时间我们痴迷于往鸡尾酒上面漂东西。我不知道是谁最先往女王公园碎冰鸡尾酒上面漂了苦精，又是谁先往月黑风高（Blackstrap）上面漂了黑糖蜜朗姆酒，但我觉得他应该得诺贝尔奖。

—— 托比 · 马洛尼

10~12 片薄荷叶，以及 1 个作为装饰的薄荷芽
22 毫升青柠汁
22 毫升简单糖浆（见 7 页）
60 毫升朗姆酒，建议使用玛督萨经典朗姆酒
5~6 滴贝乔苦精

将薄荷叶、青柠汁和糖浆加入摇壶，轻轻捣压。加入朗姆酒，将所有材料倒入柯林杯。要注意保持薄荷在杯底位置。加碎冰到柯林杯四分之三的高度，用调酒棒上下搅动。漂一点苦精，搅动苦精铺满一层以达成薄荷叶、酒和苦精三色分明的视觉效果。继续加满碎冰，用薄荷芽装饰。

莫吉托

Mojito

有记载的古巴第一款像样的鸡尾酒，最早是薄荷、青柠和甘蔗蒸馏酒（朗姆酒的祖先）的组合。莫吉托最早叫作 El Draque，其名字是为了纪念弗朗西斯·德拉克爵士（Sir Francis Drake）。19 世纪中期百加得公司成立之后，El Draque 的配方改为使用朗姆酒，名字也改成了莫吉托。Mojito 源于非洲语言中的 mojo，意思是“施一小段咒语”。这个版本最早在 1931 年出现在哈瓦那的 Sloppy Joe 酒吧。

—— 理查德·博卡托

8~10 片薄荷叶，以及 1 个作为装饰的薄荷芽

30 毫升青柠汁

22 毫升简单糖浆（见 7 页）

1 块黄方糖

60 毫升白朗姆

将薄荷叶、青柠汁、糖浆和方糖放入摇壶，轻轻捣压（不可碾坏薄荷叶）。加入白朗姆，将所有内容倒入洛克杯。加满碎冰，饰以薄荷芽。

女王公园碎冰鸡尾酒（黑）

Queen's Park Swizzle (dark)

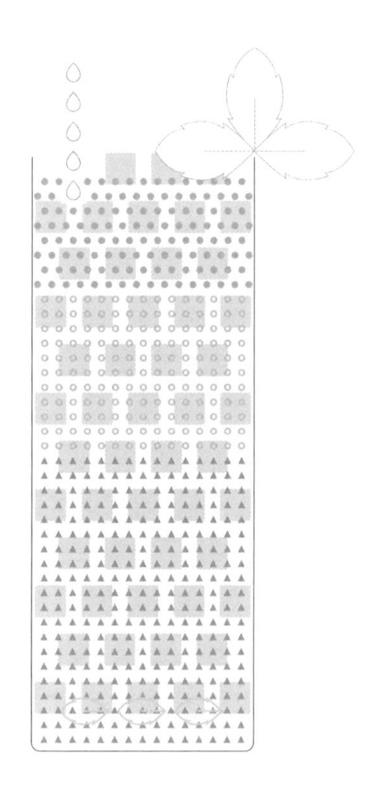

按照传统，碎冰鸡尾酒要使用加勒比的一种灌木 * 的树枝作为搅酒棒。香气最理想的搅酒棒来自马提尼克。将搅酒棒伸进碎冰中搅动可以帮助碎冰中的各种材料混合。因为碎冰的温度，酒杯外面常常会起霜。

女王公园碎冰鸡尾酒外观好看，风味也很可口。它有一个流行的改编是马洛尼公园碎冰鸡尾酒（见 182 页），用朗姆酒、贝乔苦精制作。而以下版本更接近始自特立尼达和多巴哥共和国的早期版本。

—— 理查德 · 博卡托

8~10 片薄荷叶，以及 1 个用于装饰的薄荷芽

22 毫升简单糖浆（见 7 页）

30 毫升青柠汁

30 毫升高度德麦拉拉朗姆酒

4~6 滴安高天娜苦精

将薄荷叶、糖浆和青柠汁加入摇壶，轻轻捣压。加入朗姆酒，然后将所有材料倒入冰冻的柯林杯，并确保薄荷叶在杯子的底部。加碎冰到杯子四分之三的高度，轻轻搅拌。滴入苦精并搅拌，使之铺满一层。加满碎冰，用薄荷芽装饰。

* bois lélé，学名 Quararibea turbinata，英文俗称 swizzle stick tree，即搅酒棒树，加勒比地区的一种芳香植物。

女王公园碎冰鸡尾酒（白）

Queen's Park Swizzle（Light）

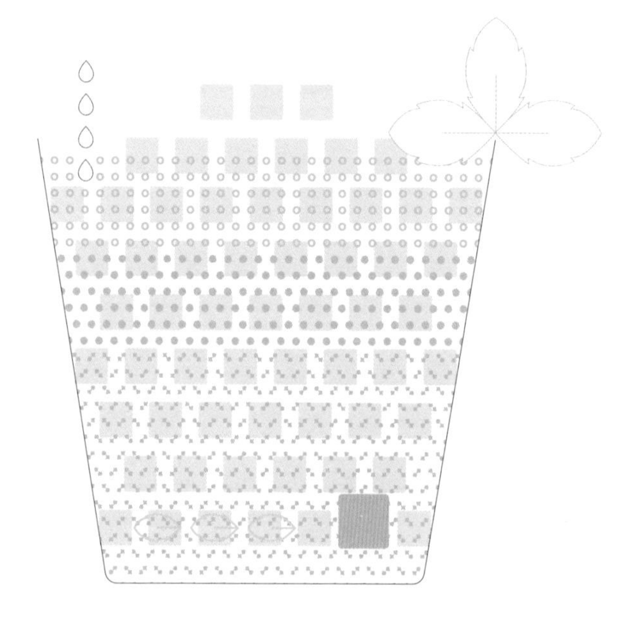

给莫吉托（见 184 页）漂浮一层苦精可谓是神来之笔。习惯上该配方使用安高天娜苦精，但是在 Milk & Honey 我们使用贝乔苦精，它在酒的表面会形成鲜艳的红色，和杯底薄荷的绿色形成对比效果。它很简单，却能溶化你的肉体和意志。

—— 查得 · 所罗门和克里斯蒂 · 蒲柏

一把薄荷叶，以及 1 个作为装饰的薄荷芽

1 块黄方糖

30 毫升青柠汁

22 毫升简单糖浆（见 7 页）

30 毫升白朗姆，建议使用富佳娜 4 年

4~5 滴贝乔苦精

将薄荷叶、方糖、青柠汁和糖浆加入摇壶，轻轻捣压。加入白朗姆，旋转摇壶以混合。将所有内容倒入洛克杯，加满碎冰到接近杯沿的位置。滴入苦精，搅拌使之成为红色的一层，继续加碎冰堆成锥形。用薄荷芽装饰（先轻轻拍一下以释放精油和香气）。

草莓菲克斯

Strawberry Fix

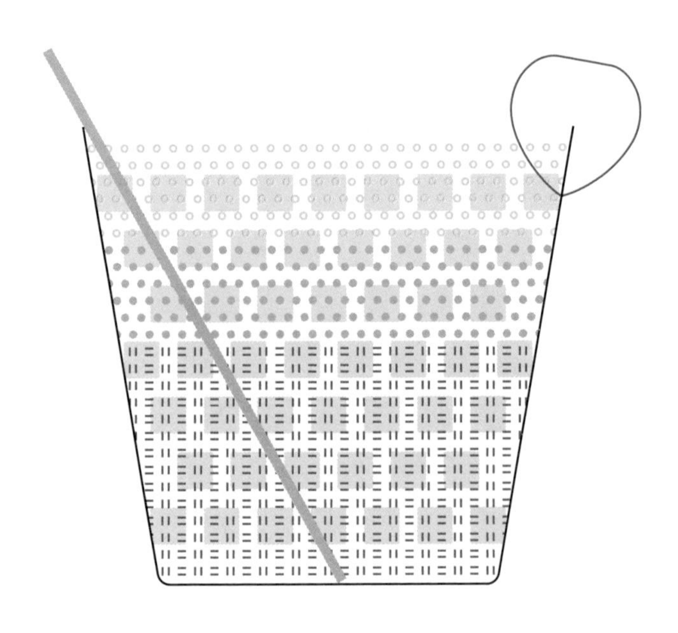

萨沙是鸡尾酒平衡的王者。想要制作完美的菲克斯或其他新鲜水果鸡尾酒，你需要仔细品尝柠檬汁、糖和即将捣进去的水果。有时候柠檬太苦，有时候水果不够熟，你必须做相应的调整。重点是知道酸甜平衡的点在哪里，然后根据需要加加减减。

——吉尔·布哈纳

1~2 颗草莓，摘掉花萼，切为 4 块，另准备 1 颗小的作为装饰
22 毫升柠檬汁
22 毫升简单糖浆（见 7 页）
60 毫升波本威士忌

先尝一下草莓确定酸甜度。将切好的草莓放入冰冻的洛克杯，轻轻捣压，使之在杯底成为糊状。加满碎冰，放在一边备用。将柠檬汁、糖浆、波本威士忌加入摇壶并摇匀。倒入装好碎冰的洛克杯中，用整颗草莓装饰。配吸管饮用。

Punches, Flips, Dessert and Temperance Cocktails

潘趣酒、蛋奶酒、甜点酒和无酒精鸡尾酒

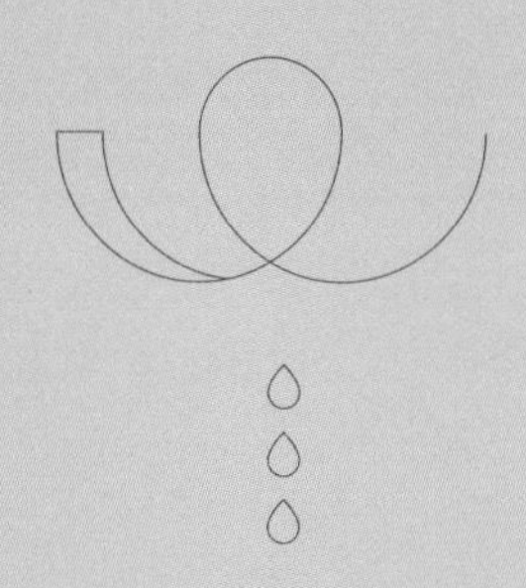

大份潘趣酒、加奶油的鸡尾酒、甜鸡尾酒和为不喝酒的人准备的饮料

牛奶咖啡蛋奶酒

Café con Leche Flip

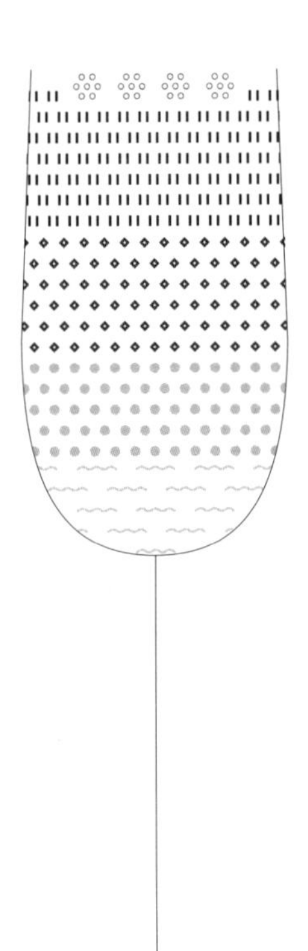

每天早上，萨沙都会在他最爱的位于格林威治村的 Domana Rohu 咖啡馆喝着美式咖啡，开始他一天的工作。他将牛奶咖啡蛋奶酒比作那杯咖啡——都能让人充满干劲。这款酒尝起来很像冰咖啡，还带有黑糖蜜朗姆酒的强劲风味。

——萨姆·罗斯

30 毫升 Cruzan 黑糖蜜朗姆酒
30 毫升咖啡利口酒，例如 Café Lolita
22 毫升简单糖浆（见 7 页）
22 毫升重奶油
1 个中等大小的蛋黄
现磨肉豆蔻粉作装饰

将朗姆酒、咖啡利口酒、糖浆、奶油和蛋黄加入摇壶，用力摇荡使材料乳化。向摇壶中加入冰块，用力摇荡至饮料充分冷却。滤入冰冻的酸酒鸡尾酒杯，用肉豆蔻粉装饰。

佩特拉斯克先生或莫杰太太

Croque M. Petraske or Croque Mme Moger

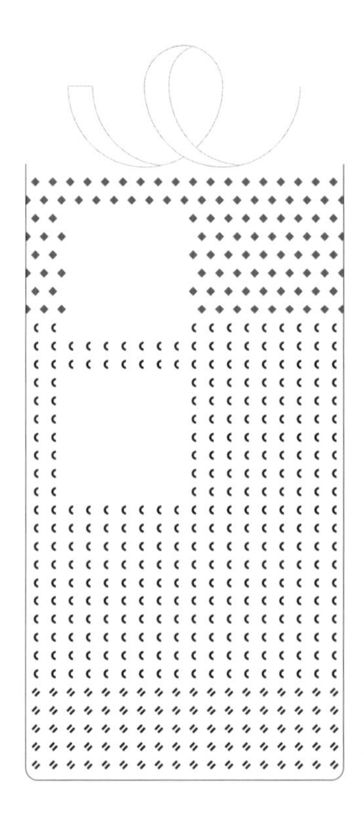

莫杰和佩特拉斯克家在下午4点～晚上7点有个鸡尾酒时光。先生会对围着围裙的太太说："厨师没有酒可不行。"然后他会从冰箱里取出两个海波杯，给自己做一杯金巴利加苏打水，给我的那杯里加一点普利茅斯金酒。

我们厨房的烤箱旁边总是塞着些前一晚酒吧里用不掉的水果，里面有很多没有皮的橙子。于是，我们早餐常常有橙汁喝，但鸡尾酒很少会有果皮装饰。

——乔吉特·莫杰－佩特拉斯克

45毫升金巴利
120毫升苏打水
30毫升金酒，建议使用普利茅斯金酒
橙皮作装饰（可选）

制作"先生"版本的话，向放好两块方冰的海波杯中加入金巴利，加满苏打水。搅拌使之融合。

制作"太太"版本的话，制作过程相同，但是要加上金酒。如果你有橙皮的话用橙皮装饰。

多米尼加人

Dominicana

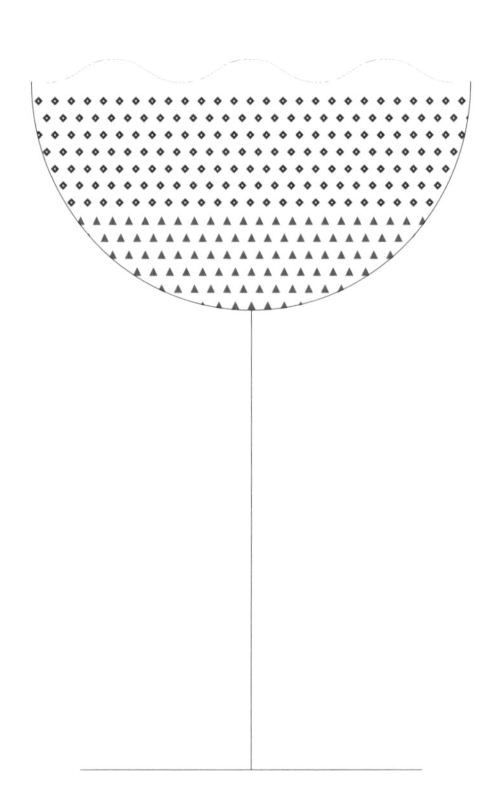

这是萨沙最早在 Milk & Honey 创作的几杯酒之一，也是他教给我的第一杯酒。我很敬佩萨沙对细节的关注和高超的技艺，在我自己尝试做出新的东西时，也一直试着贯彻这种仔细和认真。这些天，每当我站在吧台后面调酒，就会觉得萨沙在我耳边说“这个要加一点，这个要减一点”。多米尼加人这杯酒颜色比较深，有一点点甜，口感很柔顺。奶油和酒之间的界线应该非常分明。

——马特 · 克拉克

45 毫升咖啡利口酒，例如 Café Lolita
45 毫升多米尼加朗姆酒
打发的奶油作装饰

将利口酒和朗姆酒倒进搅拌杯，放入冰块，
搅拌至饮料充分冷却。滤入冰冻的碟形杯，
在酒上方漂一层薄薄的奶油。

假面

Faker Face

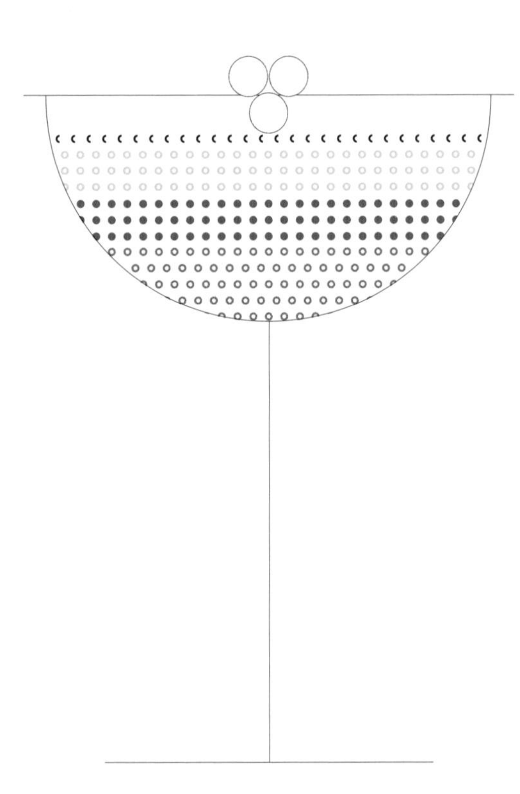

这款酒应该装在冻到起霜的碟形杯里，表面有漂亮的泡沫，闪烁着石榴色的光泽。它的名字来自乔吉特父亲给她起的绰号，因为她小时候常常到了睡觉时间还不睡，父亲过来看的时候会装睡。

——路易斯·吉尔（Luis Gil）

22 毫升青柠汁
22 毫升石榴糖浆
30 毫升鲜榨橙汁
苏打水加满
1 大颗黑莓作装饰

向装好冰块的摇壶中加入青柠汁、石榴糖浆和橙汁，用力摇荡至饮料充分冷却。滤入碟形杯，加满苏打水。取两根牙签将黑莓穿起来横在杯子上。

自制生姜啤酒

House Ginger Beer

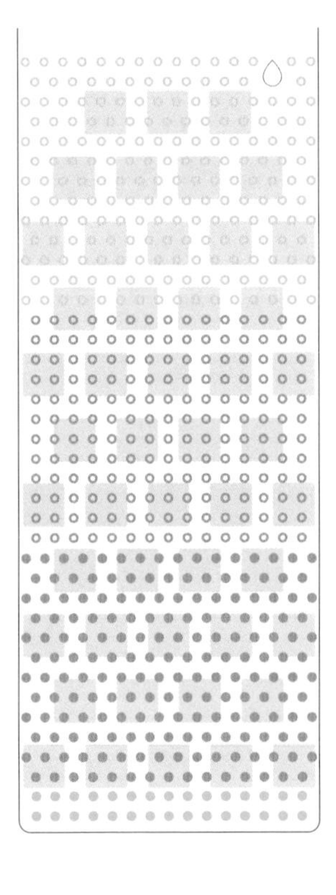

萨沙教过我们一个简单的无酒精配方：将一款鸡尾酒中不含酒的材料加一倍的量，就可以作为无酒精的同名鸡尾酒了。琴蕾、柯林斯、霸克都是一样的方式。举个例子，45 毫升柠檬汁、45 毫升简单糖浆，加满苏打水就是柠檬汽水了。捣一些薄荷、黄瓜或者水果，和苏打水混在一起也是制作无酒精鸡尾酒的方式。姜味的饮料要更好一些，因为即使没有酒你也可以得到一杯风味强劲、口感坚实清爽的饮料。

—— 亚伯拉罕 · 霍金斯

30 毫升柠檬汁

30 毫升鲜榨菠萝汁

30 毫升生姜糖浆（见 8 页）

1 吧勺枫糖

1 滴安高天娜苦精

90 毫升苏打水

将柠檬汁、菠萝汁、生姜糖浆、枫糖和苦精加入摇壶，用力摇荡。加入苏打水，将所有内容倒入装好冰块的柯林杯。

平安夜

Noche Buena

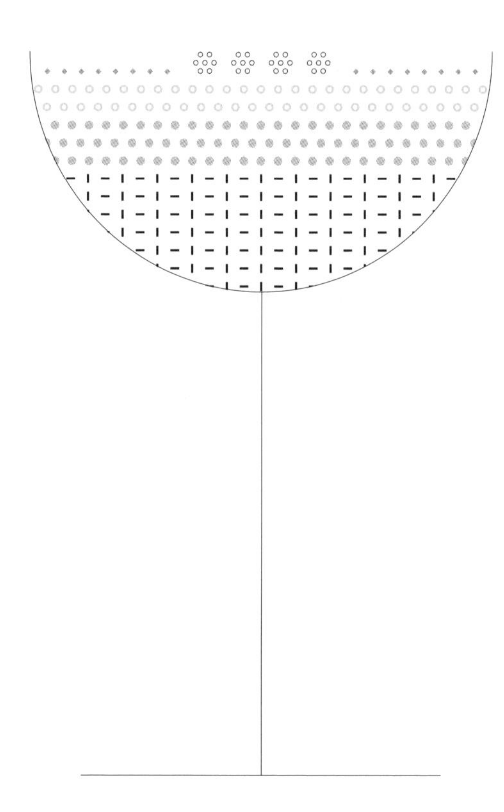

这杯甜点酒是我做出的第一杯鸡尾酒。很幸运有萨沙帮我修改并完善了它。灵感来自我的母亲梅赛德斯·吉尔（Mercedes Gil），这杯酒打开了我创作鸡尾酒的思路。

——卡罗琳·吉尔

15 毫升柠檬汁
22 毫升简单糖浆（见 7 页）
45 毫升茶色波特酒
1 个中等大小的蛋黄
香槟或普罗塞克
现磨肉桂粉作装饰

将柠檬汁、简单糖浆、波特酒和蛋黄加入摇壶，摇荡至乳化。加入一大块冰，用力摇荡至饮料充分冷却。滤入冰冻的碟形杯，加满香槟或普罗塞克。饰以肉桂粉。

无酒精西柚柯林斯

Temperance Grapefruit Collins

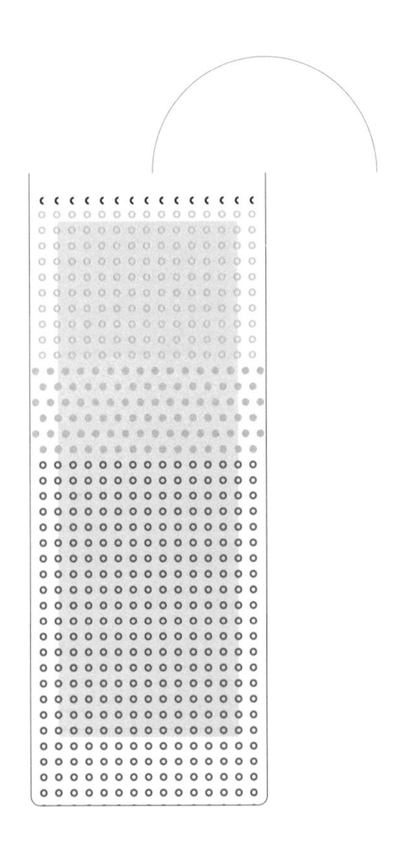

每个月萨沙都有几天不喝酒，我还记得他拎着一壶双重过滤的水走进 Milk & Honey，喊着：“你必须尝一下这水，它太棒了！”在他不喝水也不喝酒的时候，无酒精西柚柯林斯就是他的备选。如果你不是完全不接受酒精，试着在放装饰之前滴三滴贝乔苦精。

——路易斯·吉尔

30 毫升青柠汁

15 毫升简单糖浆（见 7 页）

60 毫升鲜榨西柚汁

少量苏打水

西柚角作装饰

将青柠汁、糖浆、西柚汁倒入鸡尾酒摇壶，加入两三块冰，用力摇荡。加入苏打水，滤入放好长条冰的柯林杯，继续加满苏打水。用西柚角装饰。

无酒精爱尔兰咖啡

Temperance Irish Coffee

萨沙和乔吉特很喜欢 Dead Rabbit 酒吧的爱尔兰咖啡，有一张照片是他们在那里拍的。照片里他们两个嘴上都沾着奶油，像白色的胡子。乔吉特戴着钟形帽，萨沙穿着件有年头的青果领开衫。萨沙当然更喜欢有酒精的爱尔兰咖啡，下面这个配方也可以加上 45 毫升爱尔兰威士忌改成有酒精的版本。我们所有的酒吧都没有煮咖啡机，只有浓缩咖啡机，所以只能用以下的方式去做。

—— 埃里克 · 阿尔佩林

2 份浓缩咖啡
2 块德麦拉拉方糖
120 毫升热水
打发的奶油作装饰
现磨肉桂粉作装饰
现磨肉豆蔻粉作装饰

将浓缩咖啡和方糖放入爱尔兰咖啡杯。加入 120 毫升热水并搅拌。盖上打发的奶油，撒上装饰的肉桂粉和肉豆蔻粉。

苏联拉塞尔潘趣

The U.S.S. Russel Punch

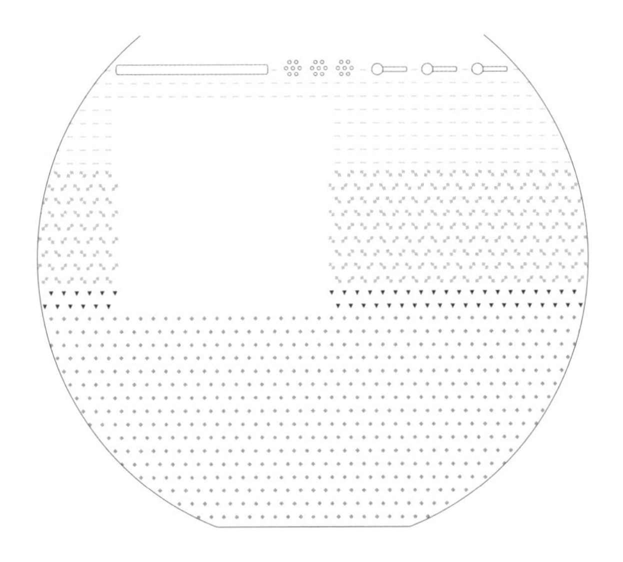

这杯饮品以我们在拉塞尔街的公寓命名，也是为了纪念萨沙的俄国血统。它要装在有玫瑰花藤蔓花纹的茶杯里，放在整套房子最具社交属性的房间——厨房里。当派对进行到最热烈的时候，它可以帮助调酒师或主人减轻酒水出品的负担。

——乔吉特·莫杰－佩特拉斯克

总量为 10 升，足够应付最狂野的派对

50 个柠檬，剥皮并榨汁
1.36 千克砂糖
3 瓶牙买加朗姆酒，例如阿普尔顿
3 瓶白朗姆，例如富佳娜
1 瓶深色朗姆酒，例如史密斯
6 瓶普罗塞克
1 匙现磨肉豆蔻
12 根肉桂棒作装饰
12 颗丁香作装饰

将柠檬皮和糖放入大潘趣酒酒碗，静置 1.5~4 小时。

八成的柠檬皮丢弃不要，注意要把柠檬皮沾着的糖刮回碗中。倒入柠檬汁，加入牙买加朗姆酒、白朗姆和深色朗姆酒，轻轻搅动。倒入 2~3 瓶起泡酒，加入肉豆蔻粉，继续搅动。放入一块 13 厘米见方的大冰块、肉桂棒和丁香。在派对过程中继续添加普罗塞克以保持潘趣酒的清爽。

婚礼潘趣

Wedding Punch

可以称作“杯中的五月”。它特别适合伴着科尔·波特（Cole Porter）的歌饮用。它是普罗塞克起泡酒和圣哲曼利口酒的组合，装在香槟杯里，清爽宜人，就像我们婚礼那天花园里时时响起的清脆风铃声。

——乔吉特·莫杰－佩特拉斯克

总量为 10.75 升，足够应付最狂野的派对

1 瓶圣哲曼接骨木花利口酒
4 瓶干味美思，建议使用马天尼白
8~10 瓶普罗塞克
230 克各种浆果和莓果（如果有草莓的话，需要切一下以适配其他浆果的尺寸）
1 个橙子，切片
2 个柠檬，切片
2 个青柠，切片

取一个能放进 20 厘米大冰块的潘趣酒酒碗，将利口酒、干味美思、普罗塞克加入其中。放入冰块，用莓果和切片的橙子、柠檬、青柠装饰。

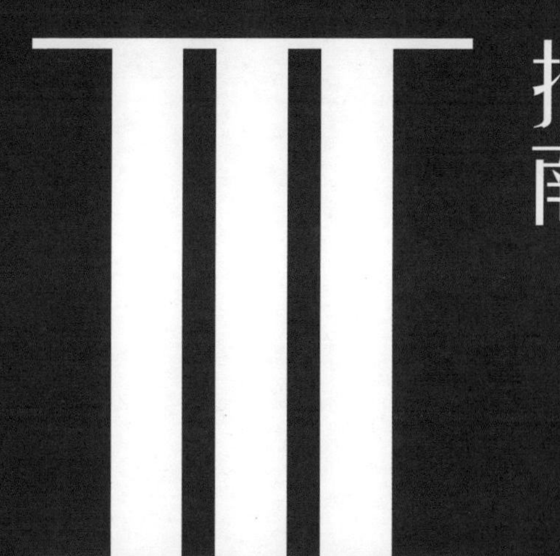

第三篇 指南

Guides

Regarding Milk & Honey House Rules
(or, The Sasha Petraske
Finishing School for Patrons)

关于 Milk & Honey 的店规（或：萨沙的礼仪学校）

“佩特拉斯克先生，
为什么你们店这么多规矩？”
“可能是因为小时候我们家没有吧，
莫杰女士。”

（1）不要炫耀认识的名人，也不要在这里同名人建立亲密关系。

（2）禁止大声喧哗。

（3）禁止打架、打闹和谈论斗殴的事。

（4）室内请脱帽，挂钩不是摆设。

（5）男士请不要主动搭讪。女士可以主动开启聊天，也可以大方地请调酒师帮你介绍。如果有陌生男士搭讪，可以抬起头无视他。

（6）不要在门外徘徊和逗留。

（7）带别人来的话，确保你和他足够熟，熟到你可以让他待在你家。你要对你带来的人的举止负责。

（8）安静地快步离开，不要打扰邻居们睡觉。提前做完离开的准备，和朋友告别可以放在出门前。

Milk & Honey 著名的店规远不只是酒吧礼仪和言行指南。它应该和指引了年轻的乔治·华盛顿的“相处和交谈中的行为指南和文明规范”（Rules of Civility and Decent Behavior in Company and Conversation）[1]一样，作为自处和与人相处的指南。萨沙的这些想法并不直接来自“行为指南”，但谦谦君子、克

1　乔治·华盛顿十五六岁时摘录了 110 条 16 世纪流行于法国的行为规则，后来被整理成《110 条华盛顿谦恭处世准则》出版（中文版由海豚出版社出版）。

己守礼是跨越时代的行为规范。如果酒吧里的客人们都大声吵嚷、嬉戏打闹、攀亲带故，那么两杯酒之后可能就有人要闹翻天了。想想 Milk & Honey 出现之前的晦暗日子里混乱嘈杂的酒吧和甜腻的所谓的鸡尾酒，那时在酒吧喝酒简直就像是喝醉的水手乘坐着没有方向、没有目标的船航行在狂风暴雨中。

萨沙最初的诉求不过是想做个好邻居，不过分打扰 134 号这栋楼里和爱烈治街的邻居们。他的每一家酒吧洗手间门上都挂着刻有这几条店规的铜牌，常常被偷。对很多偷走它的人来说，这个新鲜的小东西放在家里的吧台可能会成为不错的谈资。但是为什么要偷呢？离开之前结账有什么问题吗？我们请客人们不要老是讨论在场的谁谁有名气还是没名气，这很过分吗？要求人们遵守一点礼仪真的很强人所难吗？

“行为指南”的第 56 条说：“交损友不如无友。”女士们都知道，在 2000 年前后，没什么鸡尾酒酒吧可以让你摆脱尴尬的聊天和套近乎的男生，安静地喝几杯酒。事实上当我看到这些店规鼓励女士们表达自己的反感，无视搭讪者后，当我体验了店里温和而不嘈杂的环境后，我就常常带着书来这里喝酒，次数多到理查德·博卡托为我创作了那杯睡莲。Milk & Honey 的尊重和安静使它成为常客们的庇护所，客人入座前要先留下电话号码，然后小心翼翼地把帽子挂起来。调酒师们同样谦恭有礼，他们会将鸡尾酒端在烛光银的托盘上送出来，恭敬地推到你面前。

乔吉特·莫杰－佩特拉斯克

Regarding the Home Bar

关于家庭酒吧

“这是必由之路。”

—— 萨沙·佩特拉斯克

布置家庭酒吧可能比你想的要简单，调酒师们制作美妙的鸡尾酒也只是使用些基本的酒吧工具。

冰块。便利店的冰块可以用来喝啤酒、葡萄酒、预调鸡尾酒，以及烈酒加软饮的简单饮料，比如金汤力，但是不适用于单杯的鸡尾酒。虽然有人买专门的模具来冻冰块，但其实只需要一把刀和特百惠塑料盒就可以像调酒师一样冻一大块冰并将它敲成小块。具体做法是在中号的塑料盒里装水，盖好盖子冷冻。冻好之后，将冰块拿在手上（而不是放在案上），用一把带锯齿的面包刀轻轻敲击，冰块会从中间裂开。重复这个动作，直到得到期望的大小。对新手来说戴油漆手套会有些帮助。柯林杯有专用的冰块模具，你也可以选择切成适合你杯子长短的长条冰。

量酒器。量取饮料最快最好的工具。你需要选一个两头分别是 30 毫升和 60 毫升的双头量酒器，最好是内部有刻度的那种。如果没有的话，还需要 22 毫升、15 毫升和 7.5 毫升的量酒器。有一两个公司生产包括所有这些尺寸的量酒器，也有一些同时带有毫升和盎司的刻度。（禁酒令之前的鸡尾酒书使用的单位大都过时了，使用时先保证相同的比例，然后一边品尝一边调整。）

吧勺。最长的吧勺并不总最实用。勺身比较宽，勺柄是圆柄的吧勺比较实用，可以用于敲冰块。用法是用惯用手拿着吧勺，敲击另一只手中的冰块，这样可以将冰块敲碎。大块的冰用于摇荡的鸡尾酒，小块的可以用于搅拌的碎冰鸡尾酒。开鸡尾酒派对的话最好提前准备好冰，并且切记储存冰块的容器要盖好盖子。好的东道主会保证冰块的充足和富余——每人三分之一包到半包。

搅拌杯。搅拌杯不需要很贵，0.6 升的玻璃杯就能满足需求。想要制作理想的搅拌鸡尾酒，最重要的是确保搅拌杯和鸡尾酒杯预先冰冻过。向搅拌杯中加入冰块时，先放入较大的冰块，这能帮你更轻易达到需要的水量。然后加满小块的冰。对于一杯标准的 90 毫升鸡尾酒来说，冰块提供的额外水量是 30 毫升。你需要一些练习来找感觉，比如调整搅拌的时长。可以使用带刻度的量杯并标记出 120 毫升的位置来辅助练习。

鸡尾酒滤网。主要有两种，朱丽普滤网只用于搅拌的鸡尾酒，而霍桑滤网适用于搅拌和摇荡的鸡尾酒。朱丽普滤网发明于鸡尾酒历史的早期，起初是为了在饮用朱丽普鸡尾酒时将冰和薄荷隔开。选一个好的霍桑滤网就能满足你的各种需求。霍桑滤网的好坏不取决于形状和材质，而是取决于弹簧线圈，越紧越好。不建议使用茶的滤网，这样会滤除太多内容，一点点柠檬果肉的纤维和细致的碎冰能让鸡尾酒更生动活泼。

鸡尾酒摇壶。取决于个人喜好。三段式摇壶是家用的好选择，它自带滤网。但想要更好的鸡尾酒，最好用波士顿摇壶，选择两部分都是金属的那种。不要使用玻璃质摇壶，它达不到金属的温度。何况当你将摇壶拆开的时候玻璃可能会碎掉。

果汁和装饰。果汁和装饰都应该现点现做。家用的话手动榨汁机最好，电动榨汁机榨出的量比较少，而且碎果肉比较多。榨汁的时间距做酒时间越近越好，但如果在家招待客人，满足需求最重要，在派对开始之前榨汁也可以接受。在 Milk & Honey 我们一直使用汉美驰 932 榨汁机。

对装饰的要求和果汁一致，越新鲜越好。柠檬需要切掉两头，但是青柠不用。准备柠檬和青柠时纵向切开，在顶端三分之一的位置给果肉开个缝（以便挂在杯口上）。装饰的柠檬角永远不要最中间的芯，摆装饰的时候要让它像旗子一样扬向杯子的一侧。一个正常大小的柠檬差不多能切 8 个柠檬角，小一些的青柠基本上能切 6 个青柠角。橙子角的话，像切柠檬一样两端切掉，然后侧放在案板上切掉半英寸的果肉，不然既不好看，也不好吃。

橙类水果的果皮必须现切，果皮的皮油非常容易氧化。使用削皮刀削果皮绝对是必要技能。

在家的话，黄瓜可以提前切好，当然在鸡尾酒酒吧是点单之后才切。捣黄瓜的时候谨记，太大力会捣烂黄瓜释放出苦味。

最好选择时令水果。如果你不想吃它，就不要放进鸡尾酒里。

杯具。关于杯子最重要的事有两件，杯子的尺寸和温度。用温的杯子出品鸡尾酒意味着你对酒的品质漠不关心。冰箱里没有空间放杯子的话，在杯子里装冰水来冰杯。杯子的温度对装在碟形杯里的搅拌和摇制的酒尤为重要，用海波杯和洛克杯出品的鸡尾酒因为有冰，对温度的要求稍微低一点。如果你实在没有冰杯的空间，在杯中直接调制的酒（比如古典和内格罗尼等）可以用室温的杯子，这些酒需要冰块带来的额外化水。

这也是我们不在搅拌杯里用搅拌法制作出品时带冰块的鸡尾酒的原因。做每一轮饮料时都切记这一点。

西奥·利伯曼

Regarding Style

关于风格

“作为一位绅士，
他得随身揣着张卡片，
上面记着他爱人的各项尺码，
方便为她挑合适的礼物。”
—— 萨沙·佩特拉斯克

我们家是欧洲移民，20 世纪早期移民来的美国。尽管并不富有，但家人们在公开场合都穿得很体面讲究，即使是其中最拮据的人都很有上层阶级的教养，这从着装上也能体现出来。穿得比自己的财务状况高显然能说明人们渴望实现阶层跃升，而我相信在他们努力拼搏的同时，体面的着装也帮到了他们，让人们更容易注意到他们。

所有的成熟男性都理应穿西装，你很难一眼看出他们的身份和阶级，他们可能是无政府主义者、罪犯之类的极端分子，也可能是演员、作家、音乐家之类富有才华的人，还可能是银行家、律师等高阶层人士。对男性来说，西装让人显得平等，它一直都在帮助人们打破阶级结构，它驱使你必须成为你穿得像的、你想成为的那种人，驱使你去实现“美国梦”。

然而在美国，从某个时间开始，人们突然对“休闲舒适”的着装风格狂热起来。“有钱到不在乎衣着”的风格备受推崇，而西装被贬低成上班族和公职人员的制服。西装变成了出土文物，是抹除个性、满足贪欲、展现阶层的象征。这加剧了教养和文化的崩溃。成熟男士的骑士风度和得体的礼仪让步给了青少年崇尚的雄性力量。

好的一面是，近年来年轻一代又开始厌倦休闲的风潮，复古风潮在流行文化中重现，传统鸡尾酒、服装、音乐和爱情都迎来了自己的复兴。

迈克尔·阿雷内拉（Micheal Arenella）

Regarding Travel

关于出行

“珍惜眼前的时间，
莫杰女士。”
“没有比时间更好的礼物了，
佩特拉斯克先生。”

萨沙有一整套的出行礼仪。乘地铁的话，孕妇和老人优先，如果还有女士没有座位，男士就不应该先坐。步行的话，女士走在靠内一侧，男士走在靠外沿街一侧。男士应该带两条手帕，一条自己用，一条遇到女生哭的时候给她用（萨沙说，在纽约这实在无法避免）。乘坐飞机的话，“紧急情况下，我愿意最后一个走出飞机，确保那些慌乱奔向出口的人都已经安全地离开”。

他在一封信中说：“对可怜的男人们来说，趁人少的周六下午出行不必操心这些，简直像坐头等舱一样了。”他觉得火车的餐车也一样是男人的头等舱，可以看看报纸，画画酒吧的规划，改改稿子。“男人负责拎包，女人只要拿着鸡尾酒就行。”这是个近乎天真的理想，现状恰恰相反，男人只负责坐车，女人却需要想尽办法对付超重的行李，还要准备自带的鸡尾酒。

出行鸡尾酒 2.0 升级版：取 200 毫升装的圣培露气泡水，倒出 60 毫升，加入等量普利茅斯金酒。如果你有更充裕的时间和合适的容器，我们的佩特拉斯克先生或莫杰太太（见 196 页）可供参考。“先生版”用金巴利和苏打水，“太太版”差不多，只要额外加入一点金酒即可。

乔吉特·莫杰－佩特拉斯克

Regarding Charity

关于慈善

“我珍视的事有两项，

对他人的慷慨和对财富的漠不关心。”

—— 萨沙·佩特拉斯克

萨沙的道德标准对多数人来说都有点极端。我认为这是他最可爱的特质之一，而我也尽量向他看齐。萨沙对物质财产漠不关心，甚至因为一直穿套装，他的衣物也并不多。一个季节就那么一两套类似的套装，只是换领带来增加些变化。我们度蜜月的时候，有一天早上他发现自己没有干净衣服穿了，而我们中午就要招待几个朋友来家里吃午餐，只好穿了黑色燕尾服。当他戴着领结穿着皮鞋去给客人开门的时候，我穿着配合他着装的晚礼服在楼上榨果汁。

我们安家的时候萨沙几乎没带什么东西，只带了一些很复杂的酒吧工具。考虑到他对俄国文学、世界历史和禁酒令之前鸡尾酒的钻研，这让我很惊喜。我很喜欢书的味道，也喜欢收集第一版的书，萨沙指出同一本书我可以读更普通的版本，这样书香就不会被手指上的油脂破坏。和蒂姆·奥布莱恩[1]的小说《士兵的负重》不同，萨沙几乎是它的反面——“断舍离”。即使是最有感情的物件，他也不会恋恋不舍，对他来说最紧要的是满足人的需求，然后才是合理的享受。我们结婚之前他说：“我们会过得温饱舒适，但不会太有钱。如果有可以铺张浪费、多到让人觉得我们是富人的钱，我们会把它给更需要的人。”刚结婚的时候我们过得还谈不上舒适，萨沙就已经列下了一堆规矩，这些规矩我们现在仍可以借鉴。

1　Tim O’Brien，美国著名的越战小说作家。

萨沙的规矩多数都是对自己的要求，用于帮自己成为更好的人。“早到不是浪费时间”“记得吃东西，不要挨饿”“切记事情的完成总是比预计的要慢”，他将这些列成待办事项清单打印出来，然后每天一条条画掉，以上只是其中几条。其他还有“任何生意都从握手开始”“成功的生意模式是回馈社区”。萨沙看着鸡尾酒成长为价值数十亿的行业，也看到很多可以让公司和个人去帮助那些不幸的、没钱做心脏病手术的人的机会，而不是进行齐格菲歌舞团级别的狂欢。

这种想法激励他成为圣安东尼奥鸡尾酒研讨会（San Antonio Cocktail Conference）的共同发起人。它是个非营利的、持续一周的活动。萨沙很喜欢得克萨斯州和圣安东尼奥的历史和时代感，也喜欢那里人的睦邻友善。“你在那里开酒吧，不用担心遇到从开业开始就想方设法阻挠你的社区委员会，更会发生的是房东会帮你解决空调之类的后勤问题。”

圣安东尼奥鸡尾酒研讨会和哈德逊街慈善基金（Houston Street Charities）合作，以确保其所有利润都被分配给不同的儿童慈善机构。它的标语是“将你的心调入”。

“萨沙着迷于研讨会的概念和它对鸡尾酒技艺的促进作用。他立即提出些想法讨论怎样才能做得更好。比如要选择真正有需要的受益人，只有慈善活动他才想参与。”创始人之一斯科特·贝克尔（Scott Becker）说，“萨沙认为让群众受益才是鸡尾酒推广活动的灵魂与核心。”第一年萨沙和斯科特与非营利性组织心的礼物（HeartGift）合作，到了第 4 年，合作者变成了4个，包括心的礼物、儿童安全（Childsafe）、儿童器官移植（Transplants for Children）和儿童庇护所（Children's Shelter）。

斯科特还说："如果没有萨沙的持续投入，哈德逊街慈善基金不可能成功。他深信我们有义务回馈社会。正是这个原因让一些人和品牌选择参与进来。回馈社会也是种生意模式，但是理解它的人不多。"

乔吉特·莫杰－佩特拉斯克

Regarding Posture and Etiquette

关于仪态和举止

“本杰明·富兰克林说过一句话，
大意是‘美由百分之五的皮肤护理和
百分之九十五的仪态构成’。”
—— 萨沙·佩特拉斯克

我常见到萨沙蹲到与客人平齐的高度和客人聊天。他不是那种擅长社交的人，我相信正是因此，他才更能理解怎样始终以“服务”为首要目标对待所有人。对他来说，站在桌边俯视客人绝不是舒服的姿势，蹲到眼神平齐的位置才行。

萨沙曾经作为陆军突击队员参加新兵训练。我觉得他从那里学到了如何调整自己的身体，他在任何情况下都能找到最高效的姿势。或者说在军队里训练的身体状态成为他生存的本能，让他能很好地应对不擅长的社交。

他教我们，拿杯子的时候永远拿最下端，以免有指纹。谁能忘记萨沙拿着杯底时专注的样子？在服务时间，当你用手碰过自己的脸，或者用手指扫过头发后，你有没有第一时间去洗手？干净的手是你优雅地制作鸡尾酒的重要工具。

萨沙看起来总是很专注，在吧台工作时需要一直避开别人的动线，他总是很高效。他认为核心力量很重要，因为这会影响到吃饭、骑车和书写时的姿态。当你在餐厅想要买单时，坐正摆出准备买单的姿态就行了。每次我坐成这种忍者一样的姿态，服务生就会来为我结账。

去洛杉矶准备项目时，他终于有时间散步、练瑜伽、喝果汁了。在奥斯汀为 Half Step 公司培训员工的那段时间，他看了一个关于能量姿势的 TED 演讲，于是那几天的培训一直有相关的内容，来帮助员工们寻找自己的能量姿势。

小时候我们会通过训练身体来训练内心，进而塑造自己的思想。萨沙让我觉得永远处在孩提时代，用一些有趣的知识来塑造姿态和举止。他和别人聊天时总是更关注能从别人身上学到的，而不是聊些自己的东西，最终他总能找到答案。

埃里克·阿尔佩林

Regarding How to Be a Good Bar Regular

关于如何成为好的酒吧常客

“好的教养是绅士的标签。”

—— 萨沙·佩特拉斯克

人有很多形式的愿望。其中最费时费力的一种，大概就是想要成为一流酒吧常客。成为这种常客是件值得自豪的事，你要付出一些时间和努力，只靠长期频繁地去那里，坐在吧台花些钱是办不到的。重点是接纳，不只是调酒师和员工的接纳，其他客人的接纳同样重要。

想要被接纳，你需要让自己对所有人都有益，这需要一些知识和技巧。但是一旦你获得了这种接纳和信任，它会是这个快速而冰冷的社会里的一种慰藉，这种回报绝对值得你付出。具体要求 Milk & Honey 的店规（见 216 页）中已经写得很清楚了，如果你能践行，你就会是个好客人。但根据我 40 年来在酒吧喝酒的经验，我还有一些东西可以分享。

不要一个人“霸占”调酒师。当你来酒吧的次数足够多，你很可能就认识调酒师了。好酒吧的调酒师通常也是很好的人，至少健谈。常客的一个乐趣正是和调酒师聊天。但是如果店里忙起来，而你开始和调酒师聊你遇到的一件好玩的事，这会让他更忙乱。一方面你是个好客人，他觉得你很很有趣，不想贸然打断你；另一方面，可能有 20 个客人在等着自己的酒。故事可以等到不忙的时候讲。同样的情况还有当你想尝试不同版本的边车鸡尾酒，找到自己最爱的那一款时。在周一晚上这么做没问题，但在周四的话，就不太合理了。常客当然有一些特权，但真正的自己人不会滥用权利——反正会再来的。

参与感。这不是说你该帮他们干活，但店里很忙的时候，你去洗手间看到那边堆着些脏杯子没来得及收，回来的时候是不是可以顺手带几个给吧台？或者这家店的伏特加收藏很棒，而你恰好去了趟吉尔吉斯斯坦，为什么不买一瓶当地的伏特加带给酒吧？但这也不是说你可以老是带礼物“贿赂”调酒师，这就过了，相当于把负担强加给了对方。

不要显摆自己常客的身份。你认识调酒师，尝过酒单上的每一款酒，你在那里很开心，也愿意带朋友去，这都很好，毕竟酒吧需要客人。但这地方可能并不适合你们大学寝室的联谊。如果你介绍朋友来这里，最好确认他们会喜欢和适合这里，或者至少他们不会让其他客人不适。换句话说，成为酒吧的常客不是什么该炫耀的事。这并不会让你更特别。调酒师买过酒给你或者厨房送过你虾米花不代表他们每次都会这样做，这不是你的特权。如果他们送了，记得给小费。

少说多听。每家酒吧的常客互相都很熟，就像个单独的社区。如果你也想加入，最好遵守规矩，而这些规矩常常是默认的，不会写出来给你看。即使你过了这一关可以聊天了，即使你认识所有人并且常常遇到他们，也要记得，他们并不是你的互助治疗小组，最好将个人深层问题留给自己。

当然你也可以和陌生人聊天，作为常客的部分工作或者说职责就是照顾新来的、还没搞清状况的人。只是注意把握程度。但比如有人问这家波本酒吧为什么没什么苏格兰威士忌，或者为什么调酒师老是叫人迈克（他可能管所有人都叫迈克）之类的问题，你就可以发挥了。甚至如果确定新客人很有教养，你可以把他带进大家的话题，新的常客就是这么来的。

不过话说回来，照着萨沙的店规做就够了。

大卫·翁德里奇（David Wondrich）

Regarding Milk & Honey Comp Protocol

关于 Milk & Honey 的赠酒协议

“如果你真的想在家调酒，
首先应该把冰箱里的东西清空，
把所有东西都扔掉，
因为它们会给冰块带来杂味。
再说了，你屯着也不吃。”
—— 萨沙·佩特拉斯克

下文中你将看到整个行业最自由的员工赠酒协议。Milk & Honey一直不靠库存管理、经理、摄像头和POS机来管理员工，而是靠自觉的诚信制度。这套制度征服了人们对此的担忧，几乎没有被违反。

2005年，约瑟夫·施瓦茨和我相信，薪水和职位较高的那拨人常常对实际运营贡献有限，只要有足够的培训和适当的制度，即使没有他们，年轻人也能提供最高水准的服务。我想当时全行业只有我们这么认为。在所有高端、高水平的店里，你都会看到一个穿着西装的经理来统管一切，防止偷窃、飞单和浪费，代表业主应对顾客，管理员工，处理出现的问题和投诉。酒吧和酒廊的楼面经理的薪水常常高于他们能防止的盗窃和浪费，这只能说明老板们不相信员工。约瑟夫和我试图打造不需要经理的酒吧。

我们采取的规定深入而广泛，因此遵照和执行这些规定尤为重要，没有财务空间可以留给项目之外的因素。我们的单价够高，因此可以将一些放太久没来得及出品或者出于其他原因无法出品的酒给员工喝，就像哈里·克莱多克在《萨伏伊鸡尾酒会》的封推上暗示的一样。[1]

令人惊叹的低成本给了我们一些财务空间，但也不多。纽

1　“喝鸡尾酒的方式就是要快，趁它还在朝你笑。”（“The way to drink a cocktail is quickly, while it’s still laughing at you.”）

约曾有很多酒吧一周有 6 天爆满，但最后还是落得破产。从毛利里拿出一点点作为员工福利没什么问题，但这些不应该抬高你的成本。送出太多免费饮料的酒吧很可能就这样在你眼前“流血致死”。

员工可以饮酒，但血液中的酒精浓度不能超过 0.08 毫克 / 毫升。我们提供了呼吸检测仪。鸡尾酒酒吧的调酒师和服务生理应要对客人的安全负责，而他们一旦喝醉，就无法判断客人的清醒程度以及是不是该继续给客人提供酒精。

虽然说可以饮酒，但鸡尾酒调酒师当然喝鸡尾酒——调酒师上班时更想喝啤酒的话，就有点像针灸师生病更倾向去看西医——多少证明了他对自己的医术不够自信。这样的调酒师很可能做出不平衡的酒或者过于复杂的自创鸡尾酒。如果要服务客人来不及做自己要喝的酒，一杯 30 毫升子弹杯的纯酒也是合理的选择，但优先推荐苦味酒而不是店里一年有半年都在缺货的 45 度黑麦威士忌。员工饮酒是为了精进和改善自己的技术，而不是为很这份已经很酷的工作提供额外福利。

男女朋友、配偶、父母以及亲戚的酒，只要他们没给其他客人带来麻烦，都应当免费。食物按员工折扣收费，或者赠送他们一些多余的食物。

室友、朋友、前女友之类，最多送一杯免费饮料和一杯 30 毫升子弹杯容量的酒，而且他们不需要付小费。除此之外的一切服务都要收小费，考验你诚信的时候到了。要注意一点，有些常客你很熟悉，但只有在酒吧才和他交流，这些客人不在此列。

名人，美食记者，品牌大使，烈酒、葡萄酒、啤酒的销售，博主，政客（包括社区委员会成员）之流和他们同来的客人，不需要赠送任何免费饮料，除非是我们出错之后的赠酒。

楼上、隔壁和街对面的邻居可以送半杯份鸡尾酒或30毫升子弹杯容量的酒，他们需要付小费。

带猫来的客人（狗和鸟不行）送一杯免费酒，给猫一碗牛奶。

老师、消防员、现役军人、75岁以上的老年人，以及穿着第二次世界大战前时代的正装或礼服的单身女性或一对伴侣（我不是指《大西洋帝国》那种级别的礼服），送一杯酒。他们也需要付小费。

顾客的每一杯酒都需要收钱，除非是因为我们出品过慢或其他失误的赠酒，或者是客人不喜欢的“调酒师推荐”。给常客或者小费的感谢只能以赠品的形式出品，也就是平常量的半份。员工可以自行决定，但不得超过一杯。

此外还要考虑到客人的饮酒量和安全，以及如果有客人等位，是不是等待时间过久之类。除非极端情况，每瓶（750毫升）单价超过30美元的酒不可以用于赠送。打开的红酒如果只剩一杯，最后点单时可以送出去。除非客人专门要求，瓶装啤酒不作为赠品，因为它的成本是子弹杯的3倍。

萨沙·佩特拉斯克

Regarding Cocktails for Your Cat

关于给猫的鸡尾酒

我们先向陷入担忧的，或者非常愤怒、准备写信批评的读者澄清一下，我们并不是要给猫喝酒，最多就是少量猫薄荷，绝对不含酒精。当我们说“给猫的鸡尾酒”时，指的是做成泡沫（偶尔做成液体）的猫零食。固体的猫零食不在此列，应当算作开胃冷盘。

准备超过一种的猫鸡尾酒听起来很疯狂，不过反正对于一些人来说，给猫准备鸡尾酒本身也很疯狂。我觉得这些人封闭又狭隘。但也有些人甚至可能想为猫准备专门的器皿，那也能接受。我们家的猫祖宗麦琪和阿努什卡有一种猫鸡尾酒就足够了。

萨沙·佩特拉斯克

Milk & Honey Closing Night Menu

Milk & Honey 的收档酒单

法兰西 75 毫米炮	161
女王公园碎冰鸡尾酒（白）	199
蜜蜂膝盖	83
金和意大利味美思	67
盘尼西林	127
大吉利	95

凌晨 5 点 30 分萨沙和我终于送走了 Milk & Honey 的最后一拨客人。门闩插上的声音听起来像结束的号角声，让人既失落又解脱。我牵着我爱人的手来到走廊中间，随着墨水点乐队（Ink Spots）的《每个夜里的这个时候》（*Every Night About This Time*）跳起舞来。每张桌上的香槟杯都喝空了，冷藏的海波杯上的冰晶闪烁着钻石一样的光芒。天已微亮，一道白光爬过门廊，留下柔和的阴影。我们决定不收拾杯子了，就这么跳着华尔兹出了走廊，踏着爱情的云彩到 Lyric Diner 餐厅吃早

餐。那时我们还以为永远都有明天。

—— 乔吉特·莫杰－佩特拉斯克

Index 索引

C

D

F

G

H

J

K

L

M

N

Y

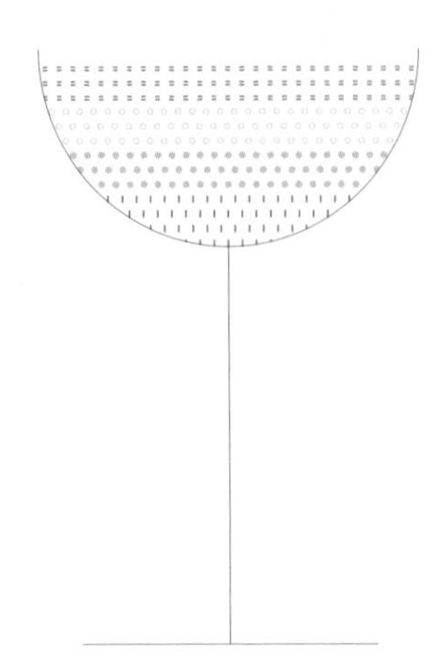